▲ "十四五"职工安全生产教育丛书

当事者说

企业生产安全事故还原与解析

中国安全生产协会班组安全建设工作委员会 | 编著

中国工人出版社

图书在版编目（CIP）数据

当事者说：企业生产安全事故还原与解析／中国安全生产协会班组安全建设工作委员会编著. —北京：中国工人出版社，2022.5

ISBN 978-7-5008-7913-8

Ⅰ.①当… Ⅱ.①中… Ⅲ.①企业安全 - 安全生产 - 安全事故 - 事故分析 - 中国 Ⅳ.①X931

中国版本图书馆CIP数据核字（2022）第069624号

当事者说：企业生产安全事故还原与解析

出 版 人	董　宽	
责 任 编 辑	赵静蕊	
责 任 校 对	张　彦	
责 任 印 制	栾征宇	
出 版 发 行	中国工人出版社	
地　　　址	北京市东城区鼓楼外大街45号	邮编：100120
网　　　址	http://www.wp-china.com	
电　　　话	（010）62005043（总编室）	
	（010）62005039（印制管理中心）	
	（010）82027810（职工教育分社）	
发 行 热 线	（010）82029051　62383056	
经　　　销	各地书店	
印　　　刷	三河市国英印务有限公司	
开　　　本	710毫米×1000毫米　1/16	
印　　　张	17.75	
字　　　数	228千字	
版　　　次	2022年7月第1版　2024年4月第2次印刷	
定　　　价	49.00元	

编辑委员会

主　编：夏晓凌

副主编：耿佃武

参　编：王　俊　吕　谋　吴　丹　林矩鸿

前 言
PREFACE

　　安全，一个亘古不衰，而今常提常新的话题，这次，又以案例的形式飨于读者，其目的就是四个字：警钟长鸣！

　　在本书的字里行间，依然能听到职工对事故痛入骨髓的血泪控诉，看到违章者抱恨终天的懊悔和痛思，感受到人们对事故的那种切肤之恨，以及对事故受害者的惋惜。

　　本着"看事故、找教训、敲警钟、严防范"的原则，中国安全生产协会班组安全建设工作委员会以《班组天地》杂志刊登的事故教训为案例，特整理编写了《当事者说——企业生产安全事故还原与解析》一书。

　　牢固树立"安全第一、预防为主、综合治理"方针，深刻吸取企业各类事故教训，坚持红线意识、底线思维，提高危险源辨识、安全风险分级管控和隐患排查治理能力，增强遵章守纪、依法执纪和反"三违"现象的自觉性，消除习惯性违章，构建安全屏障，推动新《中华人民共和国安全生产法》（以下简称《安全生产法》）落地生根，就是本书编写的初衷。

　　本书是以第一人称叙述的，发生在员工自身或周围员工身上的事故经历，由"当事者说""事故分析""正确做法"三部分组成，汇集了七类发生在企业直接作业现场的典型事故案例。从这些案例中可以看出，事故的发生绝不是偶然、孤立的，每起事故的发生都与人的不安全行为、物的不安全状态、环境的不安全因素、管理缺陷有关，尤其是员工的安全意识淡薄、侥幸心理和习惯性违章是引发事故的主要原因。因此，本书特别适合各单位用作开展安全教育培训的鲜活教材，作为反"三违"的有力武器，尤为适合班组班前会、班后会和每周安全活动时间组织员工进行集体学习，通过举一反三，让员工深刻汲取事故教训，严格遵守操作规程和各项规章制度，做到"四不伤害"，确保企业安全生产和员工自身的职业健康，构建安全、健康、和谐、幸福的工作环境。

中国安全生产协会班组安全建设工作委员会主任委员

《班组天地》杂志总编辑

夏晓凌

2022 年 4 月 20 日

目　录

CONTENTS

第一章　作业环境缺陷引发的事故 　　001

　　阀门没关严就动火，差点惹大祸 　　003

　　作业前未"敲帮问顶"，幸亏死里逃生 　　008

　　未确认环境就蛮干，导致受伤 　　012

　　对易燃气体检测不到位，"引火烧身"险酿惨剧 　　016

　　有限空间违章作业酿悲剧 　　021

第二章　现场管理不善引发的事故 　　025

　　亡羊未补牢，顶板冒落事故接连上演 　　027

　　不让管的"闲事"也得管，起重作业前确认不可少 　　031

　　检查前未停机，纰漏出祸端 　　035

　　两级防护措施皆未做，双腿骨折 　　038

　　一系列误操作，导致同事失去双腿 　　042

　　电笔测母线，被电弧烧伤 　　046

插销未插好，遭遇跑车惊魂　　　　　　　　　　　050

二次防护措施缺失，左面部颅骨被压碎　　　　　　054

用蛮力拔钻杆，工友脚趾被砸断　　　　　　　　　059

工作时打电话，痛失右小臂　　　　　　　　　　　062

想心事，砸折了班长的脚趾　　　　　　　　　　　065

违章跨车，屁股开"花"　　　　　　　　　　　　　068

未正确携带工具，差点"自断"中指　　　　　　　　072

多人作业，管理不善遇险　　　　　　　　　　　　076

用水冲煤尘带来永远的伤痛　　　　　　　　　　　080

一次违章指挥害了一条人命　　　　　　　　　　　083

作业程序不清晰，导致一死一伤　　　　　　　　　087

维修皮带机前未停机上锁致严重伤害　　　　　　　091

安全管理不到位，钻机"咬"折了右手腕　　　　　　094

火线和零线接反之后，"擦"出火花　　　　　　　　097

没挂"安全警示牌"造成了"大伤害"　　　　　　　100

卸车时急于求成，脚部骨折　　　　　　　　　　　104

未按排障流程作业，左腿截肢　　　　　　　　　　107

第三章　职业卫生管理与劳动防护用品使用不当引发的事故　113

未戴安全帽，"型男"变"形"　　　　　　　　　　115

"绝缘鞋"让我幸免于难　　　　　　　　　　　　　119

用铁丝代替卡销，差点让我双眼失明　　　　　　　122

图省事不系安全带，摔断右侧股骨头　　　　　　　126

不系安全帽带，脑袋留疤 130

图省事不更换手套，被热油烫伤 134

戴手套打大锤留下的"烙印" 137

忽视保护，耳朵"聋"了 140

"高温作业"防护工作不到位，差点丢了性命 144

违规戴手套使用砂轮机反而伤了手 148

违规触摸轴辊，手指肌腱被撕裂 153

第四章　安全教育培训不到位引发的事故 157

上班睡觉，醒来左腿残废 159

未执行"分次装药、分次放炮"被炸伤 163

不按规程清煤泥，左手被扯断 167

冒险作业致顶板坍塌，腰椎被砸断 171

未使用专用工具清理废料，两根手指被切断 175

如果不是图省劲，就不会失"足" 178

抢进度，被机器压骨折 182

未将控制手柄置于"零"位，令工友失去半条腿 185

皮带运转时进行清扫，被托辊"咬"了 188

工作溜号，左手中指被撕裂 191

一味求快，失去了 3 根手指 195

倒车惊魂，与死神擦肩而过 199

检修前未验电，严重烧伤 203

违章剁药卷，炸伤 5 根手指 207

第五章　应急管理过失引发的事故　　　　　211

　　打眼作业遇险，不及时就医差点酿大祸　　　213

　　违章排炮，炸瞎双眼　　　217

　　工作时"睡岗"，被积水"惊醒"　　　220

　　安全未确认，差点要了命　　　223

　　两次违章，让工友失去了左眼　　　228

第六章　安全风险管控不力引发的事故　　　　　233

　　工作量超负荷，蛮干致手指受伤　　　235

　　鼠洞未堵留隐患，设备不关酿惨祸　　　239

　　违章驾驶，无辜工友被撞伤　　　243

　　不按流程管控，起重机差点侧翻　　　247

　　工作前未验电，手臂过电　　　251

　　疏通原煤未停机，差点失去一条腿　　　255

　　违章停送电引发的触电烧伤　　　259

　　安全距离不够，脚趾被砸断　　　265

　　泄漏的蒸汽阀，砸伤司炉工　　　270

第一章

作业环境缺陷引发的事故

劳动者的工作环境称为作业环境。不论是室内作业还是室外作业，地面作业还是井下作业，不同行业的劳动者面临不同的作业环境条件，如冶炼作业的高温、井下作业的高湿、露天作业的严寒、铆接作业和凿岩作业的噪声与振动、破碎作业的粉尘、有限空间作业的有毒有害气体、探伤作业的电磁辐射及其作业空间的照明和色彩等。舒适的作业环境会给劳动者带来精神的愉悦、生理心理的满足，不易产生疲劳，有益人体的健康；不良的作业环境往往是导致事故的隐患。

如果人们没有处理好人与环境的关系，就可能导致环境中上述因素异常，如生产布局不合理，操作工序设计和配置不合理；生产（施工）场地照明光线不良、光线过强；矿井下无通风、通风效率低、风流短路、瓦斯超限；作业场所地面湿滑或有其他障碍物，以及人员违章作业或因环境因素导致人员误操作，都有可能引发生产安全事故。下面列举的事故表明：环境的异常状态与生产的不安全因素交织在一起，就容易导致事故发生。一个良好的作业环境是保证生产安全的重要物质因素和必要条件。

阀门没关严就动火，差点惹大祸

当事者说 >>>>>

10 年前，我亲身经历了一场可怕的瓦斯燃烧事故，至今回想起来都心有余悸。

那时，我是重庆某煤矿安修队安装班的一名钳工，工作时，经常会在井下动火、动焊。有一天，我们班接到一项井下动火任务，要求我们在 2 个小时之内，将井下一根直径为 250 毫米的瓦斯管子用乙炔割断，然后焊上一块铁板将其堵死。

听队领导强调完安全注意事项后，我和工友们便带好焊接工具，与瓦斯检查员、救护人员一同来到井下作业现场。按照动火要求，在我们出发前，队里已经安排人对这根管子进行了瓦斯排放，并关闭了管子前方 100 米处主管道上的瓦斯阀门。与我们一同到现场的瓦斯检查员也对周围 50 米范围内和管道测流孔处的瓦斯含量进行了检测，直到现场作业处瓦斯含量检测数值为零，我们才开始进行作业。

经过 1 个小时的紧张工作，焊工终于将瓦斯管子切割完毕，接下来只要在切割处焊上一块铁板就可以了。就在大家认为工作任务快要完成的时候，焊工却怎么也焊不上最后一道焊口。"肯定是闸门锈蚀关不好，瓦斯泵抽取压力大，影响了焊接。"班长刘江肯定地说。

眼看队里规定的时间就要到了，大家有点着急，这时有人就提出建议：先让外面的工人将地面上的瓦斯泵关上，等焊接完再打开。为了能够在规定的时间内完成任务，关闭瓦斯泵这一违章操作行为竟鬼使神差地得到了大家的默许。

不一会儿，瓦斯泵被关上了，焊工抓紧时间进行最后的密封焊接。结果，不到1分钟，大家突然听到"轰"的一声响，正在焊接的铁板被崩出去数米远，1米多长的火舌从瓦斯管子里蹿了出来。焊工见状，丢下焊枪，撒腿就往外跑，我也被眼前的一幕吓坏了，紧跟着焊工跑了出去。

大约跑了200米，见后面没有了动静，我们才缓了口气。10多分钟后，我和焊工又回到现场，此时管子里蹿出的火苗已被别人扑灭了，管子上面还挂着一件湿乎乎的棉衣，所幸没有造成严重的爆炸事故，不然后果不堪设想。

后来，经过调查才得知，此次事故是由于瓦斯检查员没有严格按照相关规定检查瓦斯含量，以及现场作业人员安全意识淡薄造成的。当时阀门关闭后，地面瓦斯泵仍在抽瓦斯，由于压力的原因，管子内吸入的是空气，这才导致瓦斯检查员在检测管子内的瓦斯含量时，其数值为零。当瓦斯泵被关闭后，管道失去了正向的瓦斯抽取力，管内的瓦斯就从被腐蚀的闸门缝隙回流到关闭的管道里，导致了这起瓦斯燃烧事故，庆幸的是这起事故没有造成人员伤亡。

这件事给了大家一个极大的教训，后来公司规定员工在井下进行动火、动焊作业时，需要报告公司领导审批签字，还要报通风、机电、安全、生产等专业部门负责人签字。

事故分析 🔍

这是一起典型的违章动火作业，因现场阀门关闭不严导致瓦斯气体检测不到位，气体遇明火后引发的瓦斯燃烧事故。

1. 直接原因

井下动火作业未严格执行相关的作业规程，员工为了按时完成任务，关闭了地面瓦斯泵。管道失去了正向的瓦斯抽取力，管内的瓦斯就从被腐蚀的闸门缝隙回流到关闭的管道里，焊工施焊时的明火引燃了管道里涌出的瓦斯，引起火灾。

2. 间接原因

（1）重庆某煤矿安修队"安全第一"的思想树立得不牢固，对瓦斯治理工作重视不够，井下现场动火作业管理不到位，对井下动火作业存在的问题和隐患没有采取有效措施。

（2）区队日常检修不到位，因瓦斯管路阀门内部锈蚀严重导致瓦斯回流，遇火后造成火灾。

（3）井下管理不到位，现场未制定防灭火措施，员工遇险后不能及时正确处理事故。

（4）瓦斯检查不到位。为了抢时间、赶进度，瓦检员未认真履行自己的工作职责，没有对管路里回流的瓦斯进行测定便开始动火作业。

"动火"是企业在技术改造和设备维修中进行电气焊切、喷灯烘烤等工序时必不可少的一种作业，然而，在煤炭企业中，煤尘、瓦斯等井下气体环境多具有易燃、易爆的特性，因而，煤矿井下属于"禁火区"。为了妥善解决"动火"与"禁火"这一矛盾，煤矿企业应严格制定动火管理的相关制度。对动火作业、有限空间作业、高处作业、临时用电等危险性较高的作业活动实施作业前的审批，必须在清除周围易燃物、与生产系统隔绝、动火分析合格、消防监护措施落实的情况下施工。通过这件事也让我们牢记：要时刻把安全放在第一位，不能为了抢时间、赶进度而忽视了安全。

✅ 正确做法

1. 每次需要动火作业前，必须指定矿领导作为现场施工负责人，由该领导组织现场作业，安排准备工作。

2. 每次动火作业前必须制定专项安全措施，由矿长批准。如果动火作业出现中断则必须重新制定专项安全措施并履行审批程序，严禁同一措施多处使用或同一地点措施多次使用。除全矿停产检修期间外，井下同时进行动火作业的地点不得超过 2 处。要将措施告知到每位参与施工的人员，并由每位人员签字留底。

3. 专职安检员必须经培训考试合格，持有本特殊工种资格操作证，具有从事本工种 2 年以上经验。在现场专门负责监督检查。

4. 电焊、气焊和喷灯焊接作业人员必须经培训考试合格，持有本行业特殊工种操作资格证，具有从事本工种 2 年以上经验。

5. 专职电工必须经培训考试合格，持有特殊工种操作资格证，具有从事本工种 2 年以上经验。专门负责电焊机电缆连接、通送电、电缆拆除等工作。

6. 专职瓦检员必须经培训考试合格，持有瓦检员特殊工种操作资格证，具有从事本工种 2 年以上经验。必须携带处于开启状态的便携式光学甲烷检测仪和便携式甲烷检测报警仪。在进行动火作业前和作业过程中每隔 10 分钟检查一次瓦斯浓度，作业地点风流中的瓦斯浓度不得超过 0.5%，且作业地点 20 米范围内采用不燃性支护，无其他可燃物或瓦斯积存。一旦瓦斯浓度超限或停风时，必须立即停止动火作业，查找原因并处理。

7. 气瓶摆放在施焊点的下风侧，且距明火 10 米以上，氧气瓶距乙炔瓶 5 米以上。

8. 现场必须有供水管路或不小于 0.3 立方米的水箱，至少备有 2 个灭火器，并有专人负责洒水。

9. 在井口房、井筒、倾斜巷道、设备上方进行动火作业时，必须在工作地点的下方用不燃性材料设施收集火星。登高作业必须制定专项安全措施。

10. 在煤仓上部、下部及煤仓内等可能积存瓦斯的部位进行动火作业，施焊时必须符合下列条件：煤仓必须放空、仓内严禁有存煤，经调节通风系统，确认煤仓内有固定风流风向，瓦斯检查员携带 2 米胶皮管检查煤仓的上、下风流的瓦斯浓度（均小于 0.5%）。在地面选煤厂煤仓等产生瓦斯的地点进行动火作业时，比照上述规定执行。

11. 突出矿井井下进行电焊、气焊和喷灯焊接时，必须停止突出危险区内的回采、掘进、钻孔、支护及其他所有可能扰动煤层的作业，施焊地点上风侧严禁进行采掘、打钻、排瓦斯等产生瓦斯的工作，否则严禁开工作业。

12. 动火作业完毕后，作业地点必须再次用水喷洒，施工负责人认真检查并指定专人在作业地点检查 1 小时，发现异常立即处理并汇报领导。

作业前未"敲帮问顶"，幸亏死里逃生

📢 当事者 说 〉〉〉〉

我叫何某某，今年 49 岁，参加工作 31 年来，我干过煤矿井下采掘的各个工种。23 年前，我曾经历一场惊心动魄的事故，死里逃生的经历让我一听到有人凭经验冒险蛮干，心里就不由自主地紧张起来。

那是 1996 年 4 月的一天，当时我还在采煤队担任班长，那时井下采煤工艺是打眼、放炮落煤。我和当班工友们刚到井下采煤工作面，就发现工作面顶板又开始掉渣，因为顶板掉渣已经十几天了，大伙儿也见怪不怪，凭经验认为这是很正常的现象，所以都没有去"敲帮问顶"，确认顶板来压的危险程度。

这个工作面坡度为 36 度，采煤过后，工作面上方十几米高的空顶黑黢黢的，让人望而生畏。一切准备工作就绪后，我们开始打眼作业，和我上碛头的有副班长、跟班副队长和一位安全员，其余工友在工作面下方的运煤机巷内等待放炮后，再进工作面攉煤。当时，我抱着煤电钻打眼，副班长推钻。刚打完第二个炮眼，忽然，一股强大的气流冲了过来，把我的安全帽都打歪了。我手一软，煤电钻滚了下去。我再往后一看，不禁傻了眼，身后的护身支柱全倒了。整个老塘灰蒙蒙的，成吨的石块暴风骤雨般倾泻而下，我第一时间感觉到是顶板冒顶了。再看我身后的三个人，更叫我心惊胆战。跟班副队长双腿被石块埋了半截。副班长也倒在地上，两手抱着腿，嘴里直哼哼。而那位安全员最惨，他被掉落的石块堵住了退路，腰被压弯在那里动弹不得，直喊救命。此时，跟班副队长正在用双手去推压在腿上的石块。我们都自顾不暇，无法去救安全员，冒顶还在继续。我一着急，便大声喊下方的工友上来救人。

时间一分一秒地过去了，等大伙儿齐心协力地将安全员救走后，却把困在空区里面的我们三个人给忘了。这下，我们可傻眼了，只有靠自己。而此时，空区里的顶板仍在下沉，我们随时都有生命危险。没有考虑的时间了，我们三人一起使劲翻石块，好不容易才扒出一个仅容一人爬出去的洞口。我们手忙脚乱地相继爬了出去，又连滚带爬地朝下方跑去。我边跑边回头看，不禁被眼前的情景惊呆了，刚才我们钻出的洞口已荡然无存，取而代之的是成吨的石块。我不禁倒吸了口气，后背直冒冷汗，心想，假如再迟几分钟，我们还有救吗？

接下来的日子，我根本无心上班，半夜里经常睡不着觉，脑子胡思乱想，特别是深夜，有时会从梦中惊醒，总感到死神随时会向我袭来，心里害怕极了，总是偷偷躲在被窝里哭。

每当我想起这段死里逃生的经历，仿佛又回到了当时。这样的生死磨难，让我终生难忘。后来我懂得，现场安全管理，安全确认很重要，也更加让我懂得了"安全至上、生命可贵"的含义。

事故分析

这是一起典型的忽视现场安全隐患，员工习惯性冒险作业，对顶板安全不重视造成的冒顶坍塌人身伤害事故。

1.直接原因

该矿采煤队严重违反了《煤矿安全规程》第二百四十四条，冲击地压危险区域的巷道必须加强支护。该采煤队在作业现场发现顶板掉渣情况后不进行顶板维护，施工前也未进行"敲帮问顶"确认顶板来压的危险程度就冒险施工。

2.间接原因

该煤矿对职工的教育管理培训不到位，致使职工安全意识淡薄，对现场危险源的风险管控不到位，自主保安能力差。

矿井出现顶板事故是建井、生产过程中的多发性事件。这类事故往往造成较大人员伤亡和经济损失，严重威胁矿井安全生产。分析矿井回采工作面顶板事故发生的原因：一是对采矿工作面的顶板情况及其活动规律了解不清；二是缺乏针对性防治措施。实践证明，顶板事故的发生基本上是有规律的，只要能用正确的理论和手段实现对顶板的监测，掌握其活动规律，把顶板管理建立在科学的基础上，顶板事故是可以预防的。文中的顶板事故属实不该发生，员工进入现场已然发现顶板掉渣存在冒顶的风险，却不管不顾，对待危险源置若罔闻，最终以伤亡作为代价才明白了"安全至上、生命可贵"的含义。

✅ 正确做法

这次事故的教训是深刻的，以后无论做任何工作，都要加强自我防范意识，在任何情况下都不能盲目大意，工作时要认真落实安全技术措施，观察好环境，搞好事故预想，加强事故防范，才能保证安全生产。在今后的生产中要做到以下几点。

1. 加强现场管理，杜绝违章指挥、违章冒险作业。

2. 加强现场的安全监管，规范作业行为，保证按章操作。

3. 炮采工作面放过炮后，必须进行"敲帮问顶"，处理伪顶活石后，立即挂梁护顶，不准在空顶下作业。

4. 进入工作面施工作业时，要先对顶板进行支护，并认真仔细检查，同时也要有防止顶板冒落和片帮的措施，对发现的隐患要及时处理。

5. 在危险作业中，要安排专人进行安全监护，在顶帮支护完好的情况下方可作业，职工干活期间要勤观察、勤处理，不得带隐患作业。

6. 认真贯彻《安全生产法》《煤矿安全规程》和相关作业规程，严格落实各级安全生产责任制，抓好矿井安全管理。

7. 加强对职工的安全培训教育工作，提高职工按章操作意识和自保、互保意识。

未确认环境就蛮干，导致受伤

当事者说 »»»»

"干活要注意，小心没大错，努力做到'在岗一分钟，安全六十秒'，做一个本质安全人。"2020 年 12 月 18 日，我所在的矿井举行"班组长安全演讲赛"，开拓队机修班班长王潇感人肺腑的演讲一下子把我的思绪拉回到 6 年前。

那时，我在某煤矿开拓队机修班工作，是王潇的师傅。烈日下，我在外连续切割重轨 2 个多小时后，感觉饥渴难耐，直起腰扭动了几下，又蹲下去切割。

王潇看我停顿了一下，似乎是动作慢了下来，便关切地问："师傅，您累了吧？休息会儿，我给您拿杯水喝。""剩最后一根了，再坚持一会儿，割完洗洗手再喝。"我一边说，一边从料堆里拉出最后一根长短合适的重轨。可是这根重轨上面压着一根较长的重轨，我拉了一下没拉动，就招呼王潇过来帮忙。他提议将上面这根先拉到旁边，怕直接拉不安全。我不屑一顾地说："没事，费那劲干啥。咱俩一起用力，把下面的这根拉出来就行。"

"一、二，拉！一、二，拉！"谁知，就在我俩一起往外使劲拉时，因为用力过猛，上面的那根重轨一下子滑落到我的左脚处，我躲闪不及，重轨的端头猛地砸在我的左脚面上。虽然隔着鞋子，但左脚面被蹭破，流血不止。

王潇看到后，急忙从办公室里拿来一块布条帮我把伤口扎紧，搀扶着一瘸一拐的我去矿区医务室包扎。

事故分析 🔍

这是一起典型的搬运物体时不观察周围作业环境是否存在安全隐患，违章蛮干引发的意外伤害事故。这起事故是师带徒时期发生的，所以对作为师傅的老员工和新入企的新员工都有很好的教育警示作用，好的技艺应当传承，对于违章蛮干必须制止。

1. 直接原因

王潇的师傅在工作中安全意识淡薄，为了图省事违章蛮干。

2. 间接原因

（1）王潇的师傅和王潇相互之间的自保、互保安全没做好。

（2）开拓队对职工安全管理、安全教育、技术管理培训的力度不够，导致职工麻痹大意，图省事、轻安全。

"海恩法则"和"墨菲定律"告诉我们，量变到质变有一个时间积累的过程，小隐患不除就会演变为大隐患，由小到大的因果关系和内在联系，决定了事情的发展方向。所以我们要树立"隐患就是事故"的理念，隐患就是事故的前奏。要遏制事故发生，关键在消灭隐患。隐患的危险，我们日常说得并不少，但是在很多人内心深处，仍然不把隐患当回事，以为只要"隐"着，就不足为"患"。还有人只把隐患当作"万一"的"可能性"，犯不着为"小概率"费大力气。可痛定思痛，哪一次安全事故，不是自隐藏着的漏洞而来？哪一次生命的代价、财产的损失，不是由背后的麻痹大意、视若无睹累积而成？哪一次的"突发"和"意外"，不是忽视隐患后的"不意外"发生？

✓ 正确做法

1. 搬运重物之前，应采取防护措施，戴防护手套、穿防护鞋等，衣着要整齐、轻便。

2. 搬运重物之前，应检查物体上是否有钉、尖片等凸出物体，以免造成损伤。

3. 应该用手掌紧握物体，不可只用手指抓住物体，以免脱落。

4. 靠近物体，将身体蹲下，用伸直双腿的力量，不要用背脊的力量，缓慢平稳地将物体搬起，不要猛举或扭转躯干。

5. 当传送重物时，应移动双脚而不是扭转腰部。当需要同时提起和传递重物时，应先将脚指向欲搬往的方向，然后再搬运。

6. 不要一下子将重物提至腰以上的高度，而应先将重物放于半腰高的工作台或适当的地方，调整好手掌的位置，再搬起。

7. 搬运重物时，应特别小心工作台、斜坡、楼梯及一些易滑倒的地方，搬运重物经过门口时，应确保门的宽度足够，以防撞伤或擦伤手指。

8. 搬运重物时，重物的高度不要超过人的眼睛。

9. 当两人或两人以上一起搬运重物时，应由一人指挥，以保证步伐统一及同时提起及放下物体。

10. 当用小车运物时，无论是推还是拉，物体都要在人的前方。

11. 所有货物应固定牢靠，以避免搬运过程中造成伤害。

12. 确保搬运过程中道路畅通，以免被绊倒。

13. 所有物料应摆放合理、稳当，防止倒塌。

对易燃气体检测不到位，"引火烧身"险酿惨剧

当事者说 »»»»

我是某钢铁集团动力厂机电车间铆焊组职工杨某某。1992年秋，我亲身经历过一次火灾事故，虽然没有酿成惨剧，但这一幕至今仍让我后怕不已、难以忘怀。

当时，我们组承担了制氧车间氧压机管道技改任务，工作地点就在氧压厂房内，且氧压机处于工作状态。厂安全科专门委派制氧车间职工张师傅全程协助检测厂内氧气浓度，以免氧气管道上散出的氧气飘进厂房，对电气焊作业人员造成意外伤害。头几天，张师傅非常尽职尽责，和技改人员一道严格操作，严密监测，未发生任何安全问题。但随着时间的推移，大家熟悉了这里的作业环境和作业方式，便出现了麻痹思想和侥幸心理，谁知却因此险些酿成大祸。

一天早上8时左右，开完班前会后，我们班组的人员各就各位，开始了一天的紧张工作。当时，我的任务是利用空气等离子切割机切割不锈钢管道。作业前，张师傅来到我工作的现场检测氧气浓度。当氧气浓度检测合格后，他说："可以切割了。"随后，他便赶到别的工作点进行测量和监护。

我切割完一根管道后，便去切割紧挨着的另一根管道。当切割到一半

的时候，感觉脚面发热，我发觉不对劲，便放下切割工具查看，只见一个火团正沿着脚面的袜子烧向裤管内，工作服的一条裤腿也已被烧出一条条焦痕。要命的是，当时厂房内无冷水管阀门。我情急之下，看到一壶开水放在附近，便冲了上去，直接打开盖子把水浇向裤腿。火虽然被扑灭了，但却造成了我的大腿被烫伤。

事故分析

这起事故初期是一起较为典型的高含氧量环境下作业人员使用空气等离子切割机进行切割作业引发的火灾事故，而后期则是因为对火灾施救不当，导致当事人被烫伤的一般性生产安全事故。

1. 直接原因

（1）监护人张师傅对易燃气体的检测和监护不到位，致使残留在管道内的高含氧量空气和厂区内的放散氧气逸出，使工作点含氧量超标，引发燃烧事故，符合《企业职工伤亡事故分类标准》中对易燃、易爆等危险物品处理错误的条款。

（2）作业车间和班组未在现场提前准备干粉灭火器和其他防护设施，使现场处于不安全状态，符合《企业职工伤亡事故分类标准》中防护、保险、信号等装置缺乏或有缺陷的条款，导致当事人杨某某在衣服着火后，不能及时灭火，不得已就近使用开水灭火，导致当事人大腿被烫伤的事故。

2. 间接原因

（1）根据《企业职工伤亡事故调查分析规则》中的分类规定，本次事故中的企业和班组对职工的日常安全教育培训不够，导致职工在作业过程中安全意识不强，对危险因素辨别不充分。

（2）安全监管缺失。厂安全科仅安排一名职工进行氧含量检测，车间和班组未对多点位作业设置进行有效检查，且未安排专人监护，符合《企业职工伤亡事故调查分析规则》中对现场工作缺乏检查或指导错误的条款。

切实履行安全互保、联保职能、严格执行和落实安全防护措施，是班组确保动火作业安全的关键。但在日常生产过程中，往往会出现部分安全监管人员履职履责不到位，作业人员安全意识淡薄、心存侥幸，不去严格执行相关安全管理规定等现象，从而引发生产安全事故。

通过本次事故案例的分析，我们要在班组生产过程中，切实吸取事故教训，举一反三，教育和引导班组职工，时刻牢固树立"安全第一、预防为主"的思想，严格落实安全生产责任制和相关安全防范措施，严格执行作业标准和操作流程，避免"引火烧身"酿事故。

✅ 正确做法

空气等离子切割机的工作原理是利用气压、电压和磁场的作用，将柱状的自由弧压缩成等离子弧，使弧柱中气体全部达到离子状态，产生高达15000℃~30000℃的电弧温度，使需要切割的金属等物体局部快速熔化，再利用气流把熔化的金属吹走。由于其属于带电、高温作业，只有严格执行《等离子切割机安全操作规程》，才能确保班组安全生产。

1. 凡在易燃易爆装置、管道、储罐、阴沟井、高含氧量等环境进行切割和动火作业前，必须进行动火分析。

2. 在生产、使用、储存氧气的设备或厂房进行动火和切割作业，空气中的氧气含量不得超过 20%。其他被检测的气体或蒸气浓度应小于或等于爆炸下限的 20%。

3. 应检查并确认电源、气源、水源，无漏电、漏气、漏水，接地或接零安全可靠。

4. 小车、工件应放在适当位置，并应使工件和切割电路正极接通，切割工作面下应设有溶渣坑。

5. 应根据工件材质、种类和厚度选定喷嘴孔径，调整切割电源、气体流量和电极的内缩量。

6. 自动切割小车应经空车远转，并选定切割速度。

7. 操作人员必须戴好防护面罩、电焊手套、帽子、滤膜防尘口罩和隔音耳罩。不戴防护镜的人员严禁直接观察等离子弧，裸露的皮肤严禁接近等离子弧。

8. 切割时，操作人员应站在上风处操作，可从工作台下部抽风，宜缩小操作台上的敞开面积。

9. 切割时，当空载电压过高时，应检查电器接地、接零和割炬手把绝缘情况，应将工作台与地面绝缘，或在电气控制系统安装空载断路断电器。

10. 高频发生器应设有屏蔽护罩，用高频引弧后，应立即切断高频电路。

11. 使用钍、钨电极应符合相关规定。

12. 切割操作及配合人员必须按规定穿戴劳动防护用品。并必须采取预防触电、高空坠落、瓦斯中毒等事故的安全措施。

13. 焊割作业前应清除动火现场及周围的易燃物品，或采取其他有效的安全防火措施，配备足够适用的消防器材，并应有专人监护。

14. 现场使用的电焊机、空气等离子切割机应设有防雨、防潮、防晒的机棚。

15. 高空焊接或切割时，必须系好安全带。

16. 施焊受压容器、密封容器、油桶、管道、沾有可燃气体和溶液的工件时，应先消除容器及管道内压力，消除可燃气体和溶液，然后冲洗有毒、有害、易燃物质。

17. 对存有残余油脂的容器进行焊接或切割时，应先用蒸汽、碱水冲洗，并打开盖口，确认容器清洗干净后，再灌满清水方可进行焊接或切割。

18. 在容器内焊割应采取防止触电、中毒和窒息的措施。焊割密封容器应留出气孔，必要时在进、出气口处装通风设备。

19. 容器内进行焊割作业时，照明电压不得超过 12 伏，焊工与焊件间应绝缘，容器外应设专人监护，严禁在已喷涂过油漆或塑料的容器内焊接。

20. 对承压状态的压力容器及管道、带电设备、承载结构的受力部位和装有易燃、易爆物品的容器严禁进行焊接和切割。

21. 五级风以上（含五级风）天气，禁止露天动火作业。因生产需要确需动火作业时，动火作业应升级管理。

22. 雨天不得从事露天焊割作业。在潮湿地带作业时，操作人员应站在铺有绝缘物品的地方，并应穿绝缘鞋。

23. 作业后，应切断电源，关闭气源和水源。

有限空间违章作业酿悲剧

当事者说 >>>>>

　　我是湖北某生物能源有限公司的三位合伙人之一，2014年10月3日上午，工厂本已停产，我们其中一个合伙人谈某某组织人清理漂染池，一人因吸入浆池内产生的硫化氢气体导致中毒昏迷，一起参加作业的另外5人陆续下到该漂染池中准备施救，但因处置不当，导致6人全部死亡。当地警方当即把我和另一个合伙人抓了起来，唉！都是无知惹的祸啊！

事故分析 Q

　　这是一起典型的因有限空间违章作业，吸入硫化氢有毒气体致人死亡的较大生产安全责任事故。

　　1. 直接原因

　　所清理的漂染池因有毒气体硫化氢超标（即作业环境处于不安全状态），作业人员未按照原国家安全生产监督管理总局发布的《有限空间安全作业五条规定》的规定作业（即存在人的不安全行为），未严格执行"先通风、再检测、后作业"的基本原则，现场未配备防护设备，在发生中毒事故导致1名作业人员昏迷后，其他施救人员不具备急救常识而盲目施救，导致死亡人数不断上升，使事故性质也由一般生产安全事故升级为较大生产安全事故。

2.间接原因

（1）事故责任班组对《有限空间安全作业五条规定》不知不懂，对作业现场有限空间不具备危害辨识和安全风险分析能力，不懂得最基本的施工作业程序、应急救援能力和现场安全防护常识。

（2）施工现场没有设置专业的监护人员，组织者违章指挥。

事故反映出当事企业和班组日常安全教育培训不到位，缺乏作业前进行安全风险分析和危险源辨识的意识，同时也反映出涉事企业安全管理和安全制度执行不到位，特别是对有限空间作业这类危险作业，没有执行严格的审批制度，现场缺少必要的安全警示标志和应急装备，表现为现场作业随意性强、盲目性强、危害性强，企业必须严格落实各项安全管理制度，提高班组人员的业务素质，学习有关安全的应知应会知识，提升紧急状态下的快速反应能力，吸取事故教训，防患于未然。

✅ 正确做法

所谓"有限空间"是指：封闭或半封闭的，进出口较为狭窄的，未被设计为固定工作场所的，自然通风不良并易造成有毒有害、易燃易爆物质积聚或氧含量不足的空间。必须是四个条件同时具备才能被称为"有限空间"。而"有限空间作业"是指作业人员进入有限空间实施的作业活动。从事有限空间作业，需要遵守以下规定。

1.必须严格实行作业审批制度，严禁擅自进入有限空间作业。

2.必须做到"先通风、再检测、后作业"，严禁在通风、检测不合格的情况下作业。

3. 必须配备个人防护用品，设置安全警示标志，严禁在无防护、监护措施的情况下作业。

4. 必须对作业人员进行安全培训，严禁培训不合格者上岗作业。

5. 必须制定应急措施，现场配备应急装备，严禁盲目施救。

从事有限空间作业的人员在作业现场一旦发生危险，生产经营单位在组织营救方面务必要做到以下三点。

1. 加强安全知识教育培训。在对企业员工进行全员安全培训的基础上，突出对应急救援队员应急救援能力和自救常识的培训，教育他们在搞好自救的情况下搞好应急救援，有效杜绝因施救不当造成自身伤害。广泛讲述因为盲目施救所造成的严重后果，积极倡导不伤害自己、不伤害他人、不被他人伤害、保护他人不受伤害的"四不伤害"理念。

2. 科学合理救助。教育职工树立正确的"见义勇为"观念，正确认识自己的能力和水平，变"见义勇为"为"见义智为"，学会在保障自身安全的基础上科学合理地进行救助。在积极抢救他人的同时，也要保证自身的生命安全。特别要提高职工安全意识，掌握自救、互救知识，结合班组、岗位自身生产特点，开展有针对性的安全教育和应急培训。

3. 完善预案、加强演练。企业要加强安全生产应急管理，根据自身作业地点、生产过程中的危险源以及可能造成的危害，制定有针对性的应急预案，形成预案体系，并进行演练。在施救过程中，必须制定严密的安全措施，严格按照操作规程作业，防止次生事故的发生。

第二章

现场管理不善引发的事故

从企业生产安全事故案例的原因分析来看，多数是由于生产现场安全意识淡薄、管理不到位、制度不落实造成的。因此，生产现场安全管理是企业安全管理的落脚点和切入点，只有不断加强生产现场安全管理、制度落实、风险管控和隐患排查治理，杜绝习惯性违章作业，才能最大限度地遏制事故的发生。

亡羊未补牢，顶板冒落事故接连上演

当事者说 >>>>>

"啥？照啥'镜子'啊？"9月5日，在山东某公司某煤矿掘进工区早班班前会上，随着该区副区长杜某某的一句"咱们今天也要好好照照'镜子'"的开场白，我脑海中立马就闪现出这一疑问。

原来，9月1日18时8分，某兄弟矿井3602下轨道巷掘进工作面发生顶板冒落事故，造成2人死亡、2人受伤。该巷道沿16上煤石灰岩顶板掘进，采用裸体支护，事故发生在3602下轨道巷开门点，事故发生时已经放完炮且正值出矸期间，在没有支护的情况下，工人向矿车内人工装矸石，突然"二合顶"冒落，冒落矸石面积4.5米×2.5米、厚0.15米×0.3米，将4名作业人员砸伤，其中2人经抢救无效死亡。

接此事故通报后，我们煤矿要求各科室、工区要迅速将事故传达到每一个人。煤矿掘进工区针对过去少部分人员对其他单位发生的事故不太"感冒"，容易把别人的事故当成故事来听，不注意从中吸取教训的情况，提出了"切实转变思想和观念，真正把别人的事故当'镜子'，仔仔细细地对照自己，认认真真地反思整改不足，扎扎实实地做好防范，确保不犯类似错误，不被同一块石头绊倒两次，最大限度地保障安全"这一理念，积极开展"照'镜子'"活动。

"火炭不落到谁的脚面上，谁就感觉不到疼！大家一定要吸取别人血的教训，想想遇难者家人那种'天塌下来了'的处境，那种痛不欲生的感觉和绝望至极的悲伤。一定要设身处地地去想一想，感同身受地思考一下，切不可把事故当成故事听！要知道，遇难的这两位工友，他们在事故发生之前也有幸福、温馨的生活，可就在事故发生的那一瞬间，一切都改变了，从此与亲人阴阳相隔，留给亲人无限的悲痛，给家庭造成毁灭性打击！咱们一定要把别人的事故当作'镜子'照，从别人的事故中反思自己，认真查找身边存在的各种问题，拿别人的'亡羊'教训，'补牢'自己的安全漏洞，做到防患于未然，切实筑牢安全生产根基。"领导严肃而认真的话语，大家听得全神贯注、表情凝重。他说话中停顿的每一个空隙，现场都一片沉静。

"咱们矿煤层埋藏深，地质条件复杂，受冲击地压威胁严重，顶板管理是安全管理中的重中之重。和发生事故矿井的现场状况相比，应该说咱们比他们的现场环境还要差一些。在这种不利条件之下，如何保障安全？如何在安全的前提下全力加快矿井建设步伐？我觉得咱们需要对照'镜子'作出深刻反思的地方还有很多，咱们可千万要吸取教训，不能重蹈别人的覆辙啊！"在作出 12 项具体工作安排之后，领导仍然语重心长，加重语气反复强调。

"以前通报事故案例时，总有人觉得那是别人的事，不会这么巧也在我身上发生，把事故当成故事听，这种侥幸心理和麻痹大意意识可千万要不得，应该把别人的事故当成'镜子'来反思自我，消除隐患！说到底，安全其实就是咱们自己的事情。谁不注意安全，谁就会成为家人和企业的'罪人'！所以咱们在思想上一定要认识到位，在行为上一定要杜绝违章作业现象，才能真正筑牢矿井安全生产的第一道防线！"领导感慨地说道。

事故分析

这是一起现场安全管理不到位、掘进工艺存在缺陷，未及时发现顶板隐患而引发的顶板坍塌致人伤亡事故。

1. 直接原因

当班工人安全意识不强，自主保安意识差，违章作业；工人在没有支护的空顶下作业，严重违反安全操作规程，因接顶不实造成的顶板冒落，导致事故发生。

2. 间接原因

事故发生区队对职工安全教育重视不够，职工自主保安意识差。当班工人没有认真执行"敲帮问顶"制度，不重视检查顶板煤壁，作业时未采取防护措施，忽视安全。

顶板冒落事故已然成为煤矿生产的五大灾害之一，该矿学习的事故案例就是一起严重的违章作业造成的作业环境不安全事故，放炮后不"敲帮问顶"，未采取临时支护措施而空顶作业，忽视顶板管理，造成了不可挽回的损失。该煤矿掘进工区早班通过学习其他矿掘进工作面发生的顶板冒落事故的教训，召开"以他人为镜，来反思自我"反思研讨班前会。提前让每位员工了解事故、学习事故、体验事故，以他人事故"照"自己隐患，从而吸取事故教训，提高预防事故的能力，牢固树立安全意识。

✅ 正确做法

1. 严格执行集团公司生产技术管理规定，科学编制支护设计。对地质条件变化采取的加强支护措施要有明确规定，设计必须随条件变化而更改，对于跨度较大的巷道，设计时应采用锚索、锚索梁等加固措施。

2. 严格施工管理，落实支护设计和质量标准。锚杆安装要固定专人负责打眼及安装，锚杆实行编号管理，谁安装谁负责，杜绝偷工减料及安装不合格的现象。

3. 加强煤锚巷道的顶板监测工作，配齐监测设备，明确监测人员和责任，严格按要求实行三级监测制度，小班监测人员及时反映顶板条件变化情况。

4. 加强对职工的安全教育，提高大家的安全意识，狠反"三违"，杜绝违章作业现象。

5. 严格落实互保、联保制度，使互保、联保制度真正落实到实际工作中，对违章作业要坚决制止。

6. 工作面放炮后必须先进行"敲帮问顶"，处理活石。将顶板进行临时支护后，方可进入作业。

不让管的"闲事"也得管，起重作业前确认不可少

当事者说 >>>>>

2011 年 7 月，强哥走了。他 36 岁的美好年华终结，留下一个残缺的家和惨痛的血的教训，也留下了让我永远难以忘怀的一段话。

强哥在煤矿从事机电设备检修工作，他是在吊运综掘机器设备时，因违章操作而被砸死的，死得很惨。

强哥是个既讲义气又很有威严的人，在车间他不仅技术堪称一流，而且有号令"三军"的魄力，因而大家都推荐他担任班长。可他脾气犟又做事粗心，最烦别人管他的"闲事"，特别是安全管理人员，只要到他的车间"找碴儿"，准会被他骂个狗血淋头，时间一长，谁都不愿管他。就连我这个与他相交颇深的"仁弟"，若对他谈起车间有关安全的事，他也总是爱搭不理的。

不幸的是，悲剧最终在他身上发生了。那天，矿上购进的一套新式综掘设备运到了他所在的车间，急着用起重机进行吊卸装载后运往井下。虽然车间里的起重机好久都没有使用了，但为了赶时间，他命令工人在没有仔细检查起重机是否完好的情况下，盲目开动起重机吊装设备。8 吨多重

的综掘机器设备吊到半空中时，一下子掉了下来，眼看着就要砸到操作起重机的工人身上，他急忙冲上前去，迅速把那人推开，而他自己却被重重地砸在了综掘机器设备的下面。

我赶到事故现场时，他正躺在血泊之中奄奄一息。当我抱住他的时候，他挣扎着把嘴贴在我的耳边，用尽全身力气，声音微弱地道出了自己的心声和刻骨铭心的教训："兄弟，我不行了，是违章害了我。我知道错了……记……记住……违章指挥就是杀人，违章操作等于自杀，抓安全管理不能讲情面！记……记住了吗？"见我点头后，他永远闭上了眼睛。

强哥走了，我永远怀念他。作为一名煤矿安全管理人员，我永远记着强哥最后的样子和他在血泊中的忏悔，这将一直警醒着我去呵护每一位矿山职工的生命，管好企业的安全生产。

事故分析

这是一起典型的起重作业前未确认起重机是否完好，违章指挥，盲目进行起重作业导致起吊物坠落致人死亡事故。并且班长安排工作时，没有布置相应的安全措施，且没有在现场统一协调指挥，安全管理存在漏洞。

1. 直接原因

案例中强哥为图省事、赶时间，在没有仔细检查起重机是否完好的情况下，盲目开动起重机吊装设备导致起吊物掉落。

2. 主要原因

（1）职工在进行起吊作业前，没有对起重机完好情况和起吊物的稳固情况进行检查，不能及时发现安全隐患。

（2）职工在进行起吊作业前，没有采取其他防歪倒措施，并观察好退路，造成站位不当，综掘机器歪倒时躲闪不及。

（3）班长安排工作时，没有布置相应的安全措施，且没有在现场统一协调指挥，安全管理有漏洞。

3.间接原因

（1）车间职工联保意识差，没有提醒强哥注意安全并及时制止其违章行为。

（2）企业对职工安全管理、安全教育、技术管理培训力度不够，职工安全意识薄弱，自保、互保意识差，麻痹大意，图省事，轻安全。

生命是坚强的，同时也是脆弱的。每一个人的生命只有一次，所以我们必须好好珍惜。强哥用血的教训告诫我们，一名不守纪律的职工，往往就是一起事故的肇事者。

✅ 正确做法

1.在装卸设备时，首先考虑安全，需将设备固定好，防止因坠落、打滑、固定不牢而意外伤人。

2.要采取其他防歪倒措施，作业人员要观察好退路，站位要适当，各项安全措施准确到位。

3.在装卸设备时，现场要有人统一协调指挥，起重人员、作业人员、监护人员要听从指挥，步调一致。

4.要严格做到吊装作业"十不吊"。

（1）指挥信号不明不准吊。

（2）斜牵斜拉不准吊。

（3）被吊物重量不明或超负荷不准吊。

（4）散物捆扎不牢或物料装放过满不准吊。

（5）吊物上有人不准吊。

（6）埋在地下物不准吊。

（7）机械安全装置失灵不准吊。

（8）现场光线暗看不清吊物起落点不准吊。

（9）棱刃物与钢丝绳直接接触无保护措施不准吊。

（10）六级以上强风不准吊。

5. 要严格做到吊装作业"八严禁"。

（1）严禁人员站在起吊区域内或从吊起的货物底下钻过。

（2）严禁站在死角或敞车边上。

（3）严禁站在起吊物件上。

（4）严禁用手校正吊高半米以上的物件。

（5）严禁用手脚伸入已吊起的货物下方直接取垫衬物。

（6）严禁重物下降时快速重放。

（7）严禁用起重机拉动车辆和撞击物。

（8）严禁在路基松软的场地起吊。

检查前未停机，纰漏出祸端

当事者说 >>>>>

　　我叫陈某某，是重庆某煤矿采煤一队的皮带机（即带式输送机）司机。前不久，工友受伤的惨状，对我的触动非常大，我发誓，再也不会粗心蛮干了！

　　那天的场景我一辈子都不会忘。当天中班，我开动皮带机拉了一趟煤后，在皮带还在空转时，我和工友姜某某、原跟班副队长赵某某在三台皮带机的机头处巡视，发现有个托辊不转，当时我们还商量着等皮带停了，找个托辊来换上。

　　随后，我就往巷道里边走了，没走几步就听到身后"咚"的一声，接着听到副队长赵某某的惊叫："快点来，姜某某糟了！"听到喊声后，我转过身，迅速按下开关按钮，把皮带停下来。我看到姜某某倒在皮带上，发出痛苦的呻吟，右手臂还在皮带滚筒里压着，几乎从肩膀处扯脱下来，血肉模糊，惨不忍睹。短短几秒钟，就出了这么件大事，当时真把我吓坏了。

　　出事后，我立马给调度室打电话，那时我是带着哭腔报告的，几次喊着救护队员快点。接着，我还打电话给上巷的乳化泵司机，叫他通知工作面的人全部下来，一起将姜某某快点救出去。

出事当天，我一天都没吃饭，此后很多天晚上都睡不着，一闭眼，脑海中就全是姜某某的那只血淋淋的手臂，耳边仿佛还传来他痛苦的呻吟声。事后据姜某某说，当时他是去查看托辊是不是漏油，不小心把右手衣袖卷进滚筒，人顺着滚筒的旋转翻了个转儿。我心里非常愧疚，因为出事的前几天，矿党委程书记到我们队调研，还专门和我聊到开关皮带机的注意事项。他还特别提醒过我，在检查或收浮煤时，必须先停止皮带运转。

因为姜某某的意外受伤，我受到了3000元的处罚。说实在的，3000元相当于我一个月工资，但我没有怨言。看似非常安全的一项工作，就是因为我们不正确的习惯，才出现这么大的纰漏，我是彻彻底底地警醒了。

这件事给我的教训太大了，它让我深深地懂得：不管什么时候，安全都要时刻谨记于心。我以后再也不会粗心蛮干了！

事故分析 🔍

姜某某违反《煤矿安全规程》第六百二十九条的规定，维修皮带机必须停机上锁，并有专人监护。

1. 直接原因

在带式输送机运行下检修、清理设备，属于违章作业。

2. 间接原因

职工安全意识淡薄，自我保护能力差。

此次行为主要是当事人在检修皮带机过程中未严格执行先停机上锁，后检修的制度，在皮带运转的情况下去检查托辊是否漏油，且单岗作业，知道存在安全隐患却还抱有侥幸心理。虽然万幸捡回一条性命，但这种行为存在很大的安全隐患，很有可能使自己丧命。

✅ 正确做法

1. 根据《煤矿安全规程》第六百二十九条的规定，维修带式输送机必须停机上锁，并有专人监护。

2. 加强对职工进行安全培训教育，提高安全意识和自保、互保意识。

3. 加强对所有设备岗位的现场管理，完善安全相关制度，严格执行设备启动停止挂牌及停机检修制度，杜绝职工违章作业，防止类似事故再次发生。

4. 完善和制定设备检修制度，明确检修时的责任人、监护人。

两级防护措施皆未做，双腿骨折

📢 当事者 说 >>>>>

　　我叫刘某某，今年43岁，是重庆某煤矿掘进七队的工人，在这里，我想用自己受伤后的痛苦经历，给朋友们提个醒，工作中千万要小心，一旦受伤，人生就发生了"错位"，受苦受难的日子也就来了。

　　我受伤的经过是这样的。2012年7月，我在掘进碛头架料时，由于防护工作做得不到位，手指口述安全没有确认，再加上自己不小心，双小腿被倒下的部件砸伤，造成左小腿撕裂性骨折，右小腿粉碎性骨折，骨头断成3截。被救出井后，我的右腿已经没啥知觉了，肿得很厉害，工作裤脱不下来，还是医生用剪刀剪开的。

　　为把淤血放出来，医生在我腿上划了两道大口子，从脚踝一直通到膝盖。当时送我到医院的是我们七队的队长，他看到我腿上40多厘米长的口子，眼泪一下就流出来了，再也不敢看第二眼。

　　医生就这样让伤口一直敞开着，每天用消毒棉清洗污血，直到一周后做手术接骨才缝合，缝了80多针。后来，护理我的工友拿出用手机拍的照片给我看，我才晓得伤口的样子好吓人。当时连死的想法都有了，心想："伤得这么重，以后怎么办呢？"

做了打钢针固定骨折手术后，我的腿被绑着拉直做牵引，身体一动都不能动。半个月后取消了牵引，医生每天来给我弯两次腿，说不活动一下，以后就不能走路了。当时，我的腿有半个月都没弯过，已经有些僵直了。医生就使劲硬扳，扳一回我哭一回，那是真的痛啊！那段时间，我看到医生就害怕。

50 天后我出院了，回到家里养伤，直到现在，我右腿上的 6 颗钢针都还没有取出。医生说里边还没长好，取了钢针就只有卧床，不能乱动，如果受力再骨折就麻烦了。

腿上的钢针给我的生活带来很大不便，穿的裤子要剪破，盖的被子被扎得到处都是洞。晚上睡觉要是不小心碰到，会疼得钻心。现在我的右腿还是使不上劲，走路要架双拐，否则不敢动。所以我现在很少出门，连买菜都是喊邻居带点回来。

妻子在我受伤半年后就外出打工了，因为家里除了我的那点工资，没有其他经济来源。两个孩子读书，大女儿上大学每年学费 1 万多元，生活费每个月还要 1000 多元。我觉得真的对不起妻子，她以前从来没离开过我，从来没出去打过工。她回家一次我就哭一次，舍不得她离开我！

现在，我一上街别人就会投来异样的眼光，心里很不是滋味，好脚好手的多好，想去哪儿就去哪儿，想干什么就干什么。说实话，这次受伤后，我不知道哭过多少回。

所以，我想告诫朋友们，不管做什么工作，安全第一，请大家一定要牢记我的教训，千万别因麻痹大意受伤。其实什么都不重要，唯有平平安安，一家人快快乐乐，身体健健康康才是最好！

事故分析 🔍

这是一起典型的因现场管理不善，工人未辨识施工环境危险源而导致的人身伤害事故。

1. 直接原因

伤者安全意识不强，作业时，操作不规范，没有做到作业前进行手指口述安全确认，未按掘进碛头架料作业规定穿戴好防护用具，做好二次防护措施。

2. 间接原因

井下支架重量大，日常检修时没有重视，安全管理不到位，作业时没有安排监护人。

事故中的刘某某受伤后，他的人生也发生了"错位"，本该幸福、美满的家庭却被这场灾难打击得举步维艰。正是因为"灾难从来不是'假想敌'"，所以我们必须时时刻刻让安全成为第一标准，宁可牺牲一些生产效率和经济利益，严格的尺度、苛刻的标准也不能下降分毫。

正是因为"事故是安全工作最无情的验收员"，排查隐患就不是例行公事，接受检查也不是应付考试、走走过场，而是要将隐患消除于萌芽状态，乃至根除产生隐患的土壤。

正确做法 ✓

1. 加大《掘进碛头作业安全操作规程》、岗位应知应会技能的培训考核力度，提高员工的安全意识，做到"四不伤害"。

2. 正确佩戴本工种作业时所需的劳动防护用品。

3. 针对掘进碛头架料作业时的危险有害因素，采取安全防护措施和二次防护措施。

4. 加强作业现场监管和监护，严格落实安全生产责任制度。

一系列误操作，导致同事失去双腿

📢 **当事者说** »»»»»

"我眼睁睁地看着自己的双腿被拉进溜子里，整个人一点点缩小，我拼命地大喊停电！停电！救命……"邻居张某每次和我谈起那次事故，总是有流不完的泪。我很难想象，一个1.8米多、体格健壮的汉子，一个篮球场上的健将，突然没有了双腿会是什么感受。

张某受工伤前在矿井下担任维修工，他有一个幸福的家庭，虽然算不上富裕，但一家人和睦相处，总是有着无尽的快乐。他的妻子说："以前我和丈夫带着孩子出去玩时，丈夫总是双手挽着我们一家人，我觉得自己是这个世界上最幸福的人了。然而，因为井下的一次事故，彻底改变了我们这个家庭的命运。"

张某讲述："那天，按照矿区安排，我和班组的几位同事维修溜子，当时所需的安全措施都有，特别是停电开关有专人盯着，我负责在溜子上干活。当我正专心干着的时候，突然溜子开动起来。因为溜子都是铁板和铁链子组成的，转动起来很有劲，一瞬间，我的双腿就都被转进去了，并被一点点往里面拉，我眼睁睁地看着自己的双腿被拉进溜子里，整个人一点点缩小，我拼命大喊停电！停电！救命……当停电以后，我的双腿已经全部进去，接着我就昏死过去了……后来才知道是盯着停电开关的同事一时疏忽，听错了信号，启动了溜子开关，才导致惨剧。"

张某的妻子回忆道："我丈夫每天下班后都会准时从矿上坐车回家，那一天到时间了却一直没有见他回来，当时家里没有电话，也没有办法和他联系。大概在晚上7时，丈夫的一个同事找到了我家，他对我说，张哥今晚不回家了，他在班上不小心被铁丝划了一下，没有大事。简单说完以后他就走了。因为丈夫的工作环境特殊，我当时很不放心，安顿好孩子后，急忙叫上孩子他姑和姑父，连夜急匆匆赶到了矿上，并找到矿医院，才知道丈夫受了工伤，并因此截去了双腿。知道情况后，我当时一阵眩晕，感觉就像天塌下来一般，那段时间我天天以泪洗面，不知道自己是怎么过来的。"

后来，当张某醒来的时候，双腿已经高位截肢，他不愿相信这是真的，那几天真有不想活的念头，同时他还受到了很大的惊吓。住院期间，矿外一个受伤的建筑工人被推到医院抢救，那个伤者的腿部有大片肉被划开外翻着，他看到后浑身发抖，十分恐惧，让他马上想到了自己经历的事故，仿佛那条血肉模糊的腿便是自己的。

因为是高位截肢，大多数时间张某都坐在轮椅上，衣食住行都离不开人，加上两个不满10岁的孩子也需要照顾，这些无疑都需要妻子一个人去承担，原来在生活中看似很简单的琐事，对他妻子来讲却显得那样沉重。近几年来，张某很少去医院，一直在家中疗养，截肢给他留下了一个病根，就是每逢阴天下雨截肢处就痛痒难耐，为此，妻子总是坚持给他按摩，有时累得双手酸痛，但是看到他舒心的表情，一直毫无怨言地坚持着。

张某告诉我："因为这次事故，所有责任人都受到了严厉处分，免职、调离岗位、警告处罚都有。虽然事后都进行了及时总结和处理，但我的双腿再也回不来了。一直以来，我都希望把我的这个切身教训讲出来，让大家吸取教训，特别是班组在现场施工时，一定要相互配合好，每一项工作都要有安全措施，有专人负责，任何一个需要相互配合的作业，发出的信号、接听的信号都要确认无误，否则后果不堪设想。"

张某最后说了这样一句话："人最宝贵的是生命，生命不能返程，人一旦降临到这个尘世上，便再无来生，为了家庭的幸福、为了身体的健康，违章的活儿可千万别干。"

事故分析 🔍

这是一起因缺乏现场管理，导致刮板机司机操作错误、违章作业造成的责任事故，刮板机司机误听口令，并在开机前未观察刮板机上是否有人，也未在启动前警示他人。

1. 直接原因

刮板机司机违反操作规程，没有执行好清理刮板停送电制度，在开机前未检查刮板机上是否有人作业就盲目开机运行。

2. 间接原因

（1）班组生产现场管理混乱，没有把安全放在首位，思想上安全警觉性不强，互保、联保意识差。

（2）区队的安全教育和安全管理力度不够，没有真正地入脑、入心。

安全生产关乎生命，生命没有彩排。事故，让许许多多温暖的家庭支离破碎，让幸福在事故中断送。安全无小事，在今后的工作中，必须严格遵守各项安全生产法律法规，时刻以清醒的头脑掌握好手中的遥控器，守好安全的第一道防线，坚持做到不伤害自己、不伤害他人、不被他人伤害、保护他人不受伤害，避免心存侥幸，给自我和他人留下终生的痛苦和遗憾。多一份细心，多一份关心，就会少一份灾难，少一份失望。

✅ 正确做法

1. 加强安全意识和安全业务知识的教育培训，努力提高职工的安全意识和业务技能。

2. 加大现场安全生产的监督检查和管理力度，严格执行各类安全法律法规。

3. 严格执行清理刮板、处理事故停电验电挂牌制度。刮板机司机在刮板机开启前要先发信号以防伤人，并且要检查确认无人在刮板机上作业后方可启动。

4. 认真吸取事故教训，进一步摒弃在安全生产上的模糊认识。

电笔测母线，被电弧烧伤

当事者说 》》》》

这件事已经过去很多年了。想想那天，我就心惊胆战，真是让我刻骨铭心的一天啊！那将会是我一生挥之不去的梦魇。

时间回到 2017 年 7 月 3 日这一天，那是我们公司全厂停车大检修的第一天。早上 7 时 30 分，我所在的电气车间召集全体成员开了一个简短的会，会上领导着重强调了"安全"二字。记得领导说，检修很重要，安全更重要。不管什么时候，都要保护好自己。当时我还很不以为意，心想这安全月月讲、天天讲的，还有什么好说的，谁不知道要保护好自己的安全啊？

开完会，回到检修班，班长便给我们分配了工作，让我和老李先去配电室接一个检修用的大功率电源。我们去了配电室之后，找到一个备用抽屉开关，因为备用抽屉开关是在一个旧配电柜里，我也不知道这个抽屉能不能用，就把它拉了出来进行检查。

检查完后，我确定抽屉没问题。当时也不知道为什么，我竟鬼使神差的拿电笔去测这个抽屉所在柜子的母线侧。就在我把电笔塞进母线侧插孔的瞬间，只听见"嘭"的一声响，一个火球就像老虎似的照着我的脸扑过来了，旋即我倒在了地上。当时心想，哎呀！我的眼睛这下子完了，后半辈子就要在黑暗里度过了。

短暂的发蒙后，我试着睁开眼睛，没事，我还能看得见，心里庆幸了一下。可是，我的脸部，整个右手手臂，还有右膝盖，火辣辣地疼。再看我的衣服，也被烧了。我躺在那里非常惊恐，怎么办？怎么办？同事老李这会儿也才回过神来，拿起手机给领导打电话。没过几分钟，领导就来了，安排人给我换了衣服，又联系车赶紧把我送往医院……

在医院，医生给我做了处理和治疗。一开始，身上真是疼痛难忍啊！疼得我整宿整宿睡不着觉。没办法，让医生给我开安眠药，一颗不管用，那就两颗，可是后来两颗也没用啦！医生不敢给我开了，就给我打安定。打上安定，能睡一会儿，不到2个小时就又被噩梦惊醒了，然后就再也睡不着了！再加上我的脸被烧，嘴也张不开，只能吃些流食，本就单薄的我很快瘦了下来。

在刚住院的前半个月里，用度日如年来形容一点儿也不夸张，每一分每一秒对我来说都显得那么漫长，真是一种煎熬。不管是身体的烧伤还是心理的创伤，都让我几近崩溃。有好几个晚上睡不着，我摇晃着走到窗口，看着外面灯火阑珊，真想从医院的17楼跳下去，一了百了。可是想来想去，我不能啊！我还有年迈的双亲、漂亮的妻子、一对可爱的双胞胎女儿，他们都需要我挣钱来养活，没有我，他们怎么办啊……

如今，距离发生事故已经过去好几十天了，虽然烧伤的部分已经好多了，但心理创伤却难以治愈，有时我还会做噩梦，整宿整宿睡不着。没事的时候，静下心来想一想，到底是怎么发生这起事故的呢？毋庸置疑，是我用电笔检测时，相间瞬间短路产生的电弧把我烧成这样的。庆幸的是，当时把变压器给顶跳了，否则后果不堪设想。

但是，现在想想，再怎么检测也不应该在母线侧检测，应该在负荷侧检测才对啊！假如，我按章操作，还能发生这起事故吗？可是，安全没有假如，一时疏忽终酿祸端。所以，我要告诉从事电气工作的朋友，一定要遵守安全操作规程，在岗的每一分每一秒都要提高安全警惕，绷紧安全这根弦，千万不要像我一样，别因一时疏忽造成无法挽回的悲剧。

事故分析🔍

这是一起典型的因现场管理存在不足，导致电工违章检测母线侧引发的触电烧伤事故。

1.直接原因

伤者缺乏安全常识，不熟悉安全规程，不清楚现场存在什么安全风险点，未能有效防止验电笔头同时触碰两相电路。

2.间接原因

（1）班组日常管理不到位，队组安全管理培训不到位。

（2）伤者对所在车间的配电抽屉能不能用并不清楚，这件事存在较大安全隐患。

本事故中，当事电工表现出较低的技术素质和安全意识，其他煤矿也不能过高估计本矿电工的技术水平，要经常对与用电安全相关的规章制度进行梳理、补充，并组织全矿电工进行有计划、系统性的培训、学习和考核。

✅ 正确做法

电工是煤矿中人数较多的工种之一，企业培养一名合格的煤矿电工必须做到以下几点。

（1）做好工作人员安全培训，提高人员安全意识和技能水平，熟悉电气工作安全工作规程并经考试合格上岗，杜绝冒险蛮干和习惯性违章。

（2）使用验电笔时要注意的事项：一是测试前应在带电体上进行校核，确认验电笔良好，以防误判；二是使用验电笔时，最好穿上绝缘鞋或站在干燥的木凳上；三是避免在光线过亮的地方观察氖泡起辉，以免因看不清而误判；四是使用验电笔一定要明确验电对象，避免同时触碰两相导致相间短路。

（3）对员工进行常态化检查指导，加强安全检修宣传，避免操作失误，提高接线工艺标准，对接线端子压接线应做好绝缘防护，防止误碰触电。

插销未插好，遭遇跑车惊魂

📢 **当事者 说** »»»»

时光悄然而逝，年华匆匆而过，记忆也成为永远的昨天，许多人、许多事都在岁月的洗礼中被遗忘，然而那次矿井跑车惊魂的瞬间，却永远定格在我的脑海中，让我铭记一生。

那是 2005 年 7 月，经过考核我成为重庆某煤矿一名掘进工，队上安排了师傅带我，指导我学习掘进生产工艺方面的业务技能。然而，在 11 月 12 日，我跟随师傅陈某某在 1 号斜坡开展运输工作的时候，发生了意想不到的跑车事故，给了我这个刚工作不久的"毛头"当头一棒，让我深切感受到了工友之间协作配合对于抓好安全工作的重要性。

那天，班组安排我和师傅陈某某负责运输，师傅负责开机车，我负责跟车。我和师傅顺利地把 20 辆空矿车运到 1 号斜坡下，我走在后面关风门。当我把风门关上走到放车点时，师傅已经将三个矿车推到放车位。我问师傅矿车和绞车的钢丝绳大钩连接好没有，师傅大手一挥："全部连好了，可以放车。"

"师傅动作真快，你干事我放心。"我微笑着对师傅说。"少贫哈，快点把挡车栏摇起来，碛头的兄弟还等着装矸石呢，不搞快点怎么有工分挣钱咯。"师傅陈某某严肃地说。见师傅催促，我没有多问，也没有对矿车连接处进行安全确认检查。

我把第一挡挡车栏打开，师傅启动绞车，刚把阻车器踩下，只听"轰隆"一声响，尾部的那辆矿车像离弦的箭一样向下跑去，吓得我握着挡车栏摇盘的手本能地撒开，并迅速向旁边躲避。还没缓过神来，只听"哐"的一声，我之前手握的挡车栏摇盘已经向山下飞去，耳边传来"轰隆、轰隆、哐哐"的声响。我惊慌失措、目瞪口呆地站在原地，全身直冒冷汗，双脚打起了"摆子"。嘴里语无伦次地说道："师……师傅，完了，跑车了……"

"快点，快点下去看看工友受伤没有。"师傅带着我慌慌张张地沿着下山轨道向下跑去。眼过之处一片狼藉，只见巷道右边悬挂的风筒被矿车撞得千疮百孔，水管也被撞断，水"哗哗"地向下流，挡车栏不知去向，估计飞到了下磨盘。我暗暗祷告，祈求上天保佑下磨盘的工友张师傅平安无事。

我和师傅急急忙忙跑到下磨盘，只见矿车躺在地上四脚朝天，只剩下了三个轮子，矿车凹陷扭曲得很严重。"张师傅、张师傅，你在哪儿？你在哪儿……"我和师傅焦急万分，一边找寻一边大声地呼喊，可是连喊了几声都没有回音。

我和师傅到处找寻，最终在躲避硐室最里端的一角，发现张师傅全身颤抖，蜷缩成一团，话都说不出来。我轻轻拍了拍张师傅的手，他回过神来，气愤地吼道："你们这样做是要我的命啊，我上有老下有小，出了事情家人怎么活啊！"我和师傅面面相觑，不停地向张师傅认错道歉，请求他原谅。

事后我才得知，当时张师傅正在下磨盘工作，突然听见响动，有着多年工作经验的他意识到跑车了，来不及多想便赶紧往旁边的躲避硐室跑。就在这一瞬间，矿车就从上到下从他身边跑过。不幸中的万幸，他逃过了一劫。这次跑车事故虽然时隔多年，但时常提醒着我：安全工作来不得半点马虎，不能有丝毫大意，唯有遵章守纪、履职尽责，才能够抓好安全工作，避免悲剧上演。

事故分析

这是一起由于现场管理出现问题，绞车工、把钩工严重违章作业，没有对矿车和绞车的钢丝绳大钩连接情况是否完好进行检查造成的未遂责任事故。

1. 直接原因

把钩工履行职责不到位，在挂钩后未认真检查连接插销是否插好便打点开车。

2. 间接原因

新员工培训不到位，自主保安意识不强，对安全心存侥幸。

新员工初入工作，对一些安全规则不是很熟悉，在安全方面缺少必要的安全培训。所以安全知识的普及对于员工能安全高效地完成本职工作十分重要。事故中的新员工就是因自身安全意识淡薄，太过相信老师傅，在得到老师傅口头确认后就不再亲自确认矿车和绞车钢丝绳大钩连接情况，最终造成跑车事故，幸好没有造成人员伤亡，否则后果不堪设想。

✅ **正确做法**

1. 必须加强对职工的安全教育，让职工牢固树立先安全后生产、不安全不生产、有隐患不生产的思想。

2. 在现场工作中必须严格执行各项安全规章制度，加强现场安全技术措施及作业规程的落实，坚决杜绝职工在工作中盲目蛮干和违章作业的现象。

3. 要通过本起事故，认真反思、吸取教训，在斜巷提升时，不得提前打开上平巷的挡车器和挡车栏，只有确认车辆钩头、闭锁、保险绳合格，绞车工到位后，才准打开上平巷挡车设施，杜绝类似事故再次发生。

4. 在使用绞车提升和拉移重物时，要先对绞车、绞车的固定情况、钢丝绳、信号、"一坡三挡"设施及作业现场环境进行安全检查与评估，做到设备不完好、安全设施不齐全不作业。

二次防护措施缺失，左面部颅骨被压碎

📢 **当事者 说** »»»»»

我叫陈某某，是某煤矿采煤二队的支架工。平日里我性子比较急，干啥事都风风火火，班上工友没少提醒我，老婆也是苦口婆心地劝我干活时不要急，要注意安全。可我往往是当时听进去了，回过头就把大家的话忘到九霄云外了。没想到，就是性子上的急躁情绪导致我左面部颅骨被压碎。

某年的 3 月 9 日，是我这辈子永远也忘不掉的日子。因为那天我面部严重受伤，不仅给自己，也给我的家庭带来了巨大的损失。回想起在井下受伤的那一刻，我的心又一次颤抖。那天早上 7 时 20 分，我吃了老婆做的早餐后，就风风火火地跨出家门去上班，连老婆在背后叮嘱自己注意安全的话都没有听清楚。

我今天的任务是和工友王某某负责 4026 采面 5~7 号位的 19 架液压支架的拉架和推溜工作。由于该作业段上方的顶板很破碎，当班值班队长肖某某还专门对我交代了操作的注意事项："小陈，你性子急躁，这段顶板比较破碎，你千万不要着急，不要麻痹大意，要严格按照相关作业规程施工。"

"知道了，肖队长，这没啥，我干这活也不是一天两天了，你不要担心。"我一边回答，一边整理自己的工具箱。又叮嘱了我几句后，肖队长才仔细巡查其他号位去了。

快到中午了，割煤机开始向下割煤，顺利割过王某某和我负责的号位后，我们两人便开始拉架。由于69~72号支架处溜子跑底，推溜条被支架过桥压住，拉架后溜子无法推动，于是王某某就让我到风巷取了两根圆木支柱准备提支架底座。

我再次风风火火地爬到风巷取了两根圆木支柱，然后顺着人行道往下爬。"小陈，慢点干，不要急，离下班时间还早呢。"路过工友李某某身边时，他善意地提醒我。

"没关系，早点干完好下班。"我这样回答他。现在想来，要是当时我听进去了工友的提醒该多好啊，那就不会受伤了。

我把圆木支柱运到位后，开始提69号支架的底座，王某某站在68号支架下负责控制电液控按钮，我在69号支架下机道内负责稳住圆木支柱，当支架降架到圆木支柱处后，我便退至70号支架处。看到支架下降速度有点慢，我那急躁的性子和麻痹大意的思想又不知不觉地冒出来了。于是，我把头伸到69号支架内，身体俯卧，面部朝下观察支架底座提底情况。

"小陈，不要这样看，这样的站位太危险了。"王某某赶紧阻止我。"没事，没什么大问题，我想看看是什么原因，导致支架下降得这么慢，这样的移架速度好慢哦。"我一边说，一边继续这样看。

王某某继续操作电液控按钮，突然，意外发生了。在支架降架过程中，原本直立的圆木支柱在受力过程中，角度发生变化，圆木支柱受压滑落。就这样，支架顶梁瞬间快速下降，狠狠地将我的头部压在电缆槽铁板上。剧烈的疼痛让我大叫一声："糟了！"

王某某听到我的叫声，赶紧升架。很快，周围几个号位的工友们纷纷赶过来，七手八脚地将我从支架下抬出来。但是已经来不及了，快速下降的支架顶梁将我的半边脸压变形。后经医生诊断，我的左面部颅骨粉碎性骨折。

原本健康帅气的我，如今脸上多了一道可怕的疤痕。其实，只有我自己知道，在我的心里，还有一道更加可怕的"疤痕"，那就是性子急躁、思想麻痹大意带给我心理上的巨大伤害，这次的沉痛教训让我刻骨铭心。

事故分析 🔍

这是一起员工因性格急躁违章作业，而且现场管理不严格引发的机械伤人事故。

1. 直接原因

（1）在支架降架过程中，陈某某违规把头部伸到 69 号支架内，面部朝下观察支架底座，原本起支撑作用的直立圆木支柱在受力过程中，角度发生变化，圆木支柱受压滑落，支架顶梁突然下落压伤陈某某。

（2）职工安全意识淡薄，存在严重习惯性违章作业。

2. 间接原因

（1）劳动组织不合理，拉架时，未采取二次防护安全措施。

（2）员工性格急躁，违章蛮干，属于高危人员，应当进行培训教育。

（3）职工安全培训教育效果差，职工自保、互保意识不强，对作业现场危险因素辨识能力低。

（4）员工对操作规程和措施的贯彻、落实执行不力。

急躁的情绪对于安全工作有害无益。安全管理人员如果产生急躁的情绪，会把安全管理工作看作例行公事，有意无意地放松管理，难出成效；员工如果产生烦躁情绪，就会出现思想麻痹，会嫌规范操作麻烦，把安全警告当作"耳边风"，为应付检查而做表面文章。而这些都是酿成事故的潜在隐患。

做任何工作都有可能产生急躁情绪，重要的是要加以克服，要有心理准备和预防措施。安全是一项长期、细致、重复性的工作，是生产的永恒主题，无论何时何地都不能放松。每一个职工都应该视安全为第一需要，乐于接受形式多样的安全教育，不断地进行自查自改，自觉克服烦躁情绪，时刻做清醒、谨慎的自我安全维护者。

✅ 正确做法

随着时代的变迁，生活和工作节奏变得快捷、高效，"快"节奏如果把握不好"度"，就会演变为"急躁"。无论是在生活中还是生产过程中，急躁情绪带来的都是无尽的负面影响，如何让员工在工作中克服急躁情绪，保持头脑理智呢？

1. 加强素质训练。急躁往往与一个人的个性紧密联系在一起，并形成了习惯，要克服急躁，可以采取一些措施，把急性子磨慢。例如，可利用业余时间钓鱼、练习书法、绘画、下棋等。只要我们长期坚持、一丝不苟，就能克服急躁情绪，培养起耐心和韧性。

2. 做事力争持之以恒、始终如一。急躁者做事情往往虎头蛇尾，不善始善终。要想克服急躁情绪，必须努力做到始终如一。急躁的情绪不是一天形成的，因此，克服起来也要有毅力。只要坚持下去，急躁情绪就会被克服。

3.煤矿企业要进一步加强宣传教育，牢固树立"安全第一、生产第二"的安全理念，转变高危员工工作态度，杜绝违章蛮干、急躁等高危行为，加强基层、基础工作，基层队干、班组长要加大管理力度，营造浓厚的安全氛围。

4.煤矿各班组开展劳动组织大整顿时，要对井下作业人员的专业知识、操作能力进行逐一检查，不合格人员立即调整岗位。对不能控制情绪、急躁蛮干的高危人员及时进行教育培训，若仍存在问题，要立即调整岗位，严禁高危人员入井作业。

用蛮力拔钻杆，工友脚趾被砸断

当事者说 >>>>>

我叫杜某某，是某煤矿掘进一队 9 班的一名打眼工。2017 年 3 月 13 日，因为我的急躁作业，导致工友左脚大拇指撕裂性骨折，这件事让我终生难忘。

当日中班，我和我们班另一名打眼工杨某某共同在总回风巷进行打眼作业，由于岩石有裂隙，作业很不顺利，眼看当班任务很难完成了，心里渐渐有些着急。

下午 6 时 40 分许，我的钻杆打进去后被岩石卡住无法顺利拔出。情急之下，我忘记了打眼作业中要遵循"取钻杆过程中要注意周围人员的站位"和"用风锤拔钻杆时要采取措施稳住风锤"的两项安全规定，在拔钻杆过程中用力过猛，导致钻杆与风锤脱离。

只听见"砰、砰"两声，我连人带风锤摔倒在满是矸石煤泥的掘进面上。由于事发突然，我的脑海里一片空白，没有及时提醒身边正在作业的工友杨某某注意躲避。随后听到"哎哟"一声，风锤倒下时砸中了杨某某左脚大拇指，筒靴被砸破，当场造成他左脚大拇指撕裂性骨折，鲜血流了一地。看到杨某某受伤，我一下子蒙了。还是班长朱某某有经验，他马上赶过来，下令掘进面立即停止作业，仔细观察了杨某某的伤势，然后用掘进工作面的电话分别向区队值班室和矿区调度室进行了汇报。

随后，大家用现场急救包里的纱布、医用胶带给杨某某包扎好伤口，然后班长和我轮流将他背到402采区运输大巷，用车将他送出地面。

当天出井后，队上马上召开了事故追查会，我和班长分别进行了安全检讨，我负主要责任被罚款500元，班长因负管理教育责任被罚款200元。

队上将这次事故经过整理成了学习资料，并在全队进行了通报，队长刘某某也再次强调了《打眼作业规程》中取钻杆的两条规定：一是拔取钻杆时要注意周围人员的站位，及时予以提醒，防止出现意外，伤及他人；二是拔取钻杆时要注意稳住风锤，防止风锤脱落倒下。

这件事虽然已经过去一年多了，但现在想起来，还是心有余悸。事故给了我深刻的教训，在以后的工作中，无论现场工作任务多么紧急，我都要严格按照规程进行施工，绝不能再因为疏忽大意酿成安全事故，伤人伤己。

事故分析

这是一起典型的因现场管理不严，未能及时制止员工违章作业造成他人受伤的事故。

1.直接原因

掘进队打眼工杜某某在总回风巷进行打眼作业时，因环境不良导致钻杆打进去后被岩石卡住无法顺利拔出，遂使用蛮力进行钻杆拔出操作，因操作方法不当导致队友受伤。

2.间接原因

员工自保、互保意识不强，对处理锚杆机钻杆、钻头堵塞的安全操作注意事项不熟悉。

✓ 正确做法

处理锚杆机钻杆、钻头堵塞的安全操作注意事项。

1.采取轻轻敲击钻杆的方式进行处理，锚杆机5米范围内严禁站人（操作锚杆机者和进行敲击者除外），防止钻杆伤人。

2.敲击钻杆时，严禁锚杆机继续上升，待处理好堵塞的钻杆、钻头后，锚杆机方可继续旋转、上升。

3.敲击钻杆时，严禁使用大锤、镐头等物件进行敲击。

4.敲击者敲击时，双手应握紧钻杆，防止钻杆甩落伤人。

5.敲击时，敲击者严禁站在锚杆机正下方。

6.当出现钻杆堵眼时，敲击钻杆前，先测量附近20米范围内的瓦斯浓度，必须低于5%方可作业。

7.要对员工加强日常管理，组织职工认真开展班前、岗前风险辨识和评估；加强现场风险预控管理，危险源辨识工作要全面，并落实到各工作场所；对员工开展新设备、新工艺的学习培训，使作业人员明白作业过程中可能产生哪些危害，从而防范事故的发生。

工作时打电话，痛失右小臂

📢 当事者说 ·····

　　我的同事张某某，在某地方煤矿洗选厂工作，几年前在作业时用手机打了一个电话，因为注意力不集中，不慎将右小臂卷入正在运行的机械，造成右小臂截肢，从此，他的人生便被重重地划了一道伤痕。

　　2016年8月，张某某在运煤皮带岗位工作，负责洗煤皮带的运行管理，具体工作是负责皮带运行按钮的开关、信号传送、皮带日常清扫及落煤清理。这个岗位要求工作人员每天下班前把整条皮带清扫一遍，不能有杂物。这样的工序对于有着多年工作经验的张某某来说，已经是轻而易举，毫不夸张地说闭着眼睛都能完成。出事的那一天，他像往常一样，临近下班时，先清理地面的落煤，再清扫皮带，接着清理皮带机头滚筒。由于滚筒上粘有不少煤渣，他便打开按钮启动滚筒，右手拿着扫帚在转动的滚筒上循环清扫。

　　每次快下班时，张某某都有个习惯，就是拿出手机看看有没有打进来的电话。那一天也巧，电话格外多，仅他妻子的未接电话就有十几个，他怕有什么急事，就赶紧回拨过去。电话很快接通，妻子说她骑电动车时不小心摔了一下，腿部有擦伤……

和妻子通话期间，由于工作惯性，张某某的右手一直在旋转的滚筒上下意识地清扫着，这个电话完全控制了他的大脑，思绪早就离开了工作岗位，加上妻子出事让他心里有些着急，拿扫帚的右手便不知不觉地伸进了旋转的滚筒，一阵钻心的疼痛让他大叫起来。由于快下班了，同事们都在岗位上打扫卫生，最近的一个同事听到喊声后迅速跑过来切断滚筒电源，但张某某的右小臂已经被挤进了滚筒，那种疼痛让他生不如死。同事们很快找来维修人员，用最快的速度拆卸滚筒，把已经昏迷的张某某送进了医院。

经医院诊断，张某某右小臂挤伤严重，必须截肢。就这样，他在极度不情愿中失去了右小臂，从健全人变成了肢残人。那段时间，他几乎天天以泪洗面，不敢相信也接受不了这个事实，甚至产生厌世的想法。在亲朋好友的不断开导下，他一步步地接受了现实。如今他在新的岗位上重新找到了自信，但那次事故的教训让他刻骨铭记。

事故分析🔍

这是一起典型的习惯性违章作业，因现场缺乏有效管理，导致职工在作业中未停机，也未集中注意力引发的皮带机伤人事故。

1. 直接原因

（1）在皮带机运行的情况下，违章进行清理作业。

（2）职工安全意识淡薄，自我保护能力差。

2. 间接原因

（1）车间、班组现场管理培训不到位，员工经常在工作期间边打电话边工作，容易分神导致事故。

（2）皮带机滚筒部位应安设护栏，严禁人员对转动滚筒进行检修及清理作业。

分析这起事故原因，张某某应该算是幸运的，虽痛失右小臂但保住了性命，事故是他自己造成的，倘若不是同事及时关闭电源，后果必定是毁灭性的。笔者也想通过这起事故案例，再次告诫大家：在岗位上一定要集中精力，不能做分心影响工作的事情，尤其是在操作中切莫接听电话，以防造成无法挽回的后果。打个电话，丢了半条手臂，值吗？

✅ 正确做法

1. 加强安全培训力度，各班组长在班前会上多强调各岗位的安全注意事项，提高职工的自我保护意识。

2. 存在皮带机设备的部门在各皮带转动部位处加挂"运转设备注意挤伤"警示牌，提醒职工注意安全。

3. 所有皮带机都应安装空段清扫器，避免皮带机运转中的人工清扫，同时加强对皮带机的巡检和维护，减少皮带漏料及滚筒粘料。

4. 所有皮带机都必须安装接线急停开关，并保证能正常工作。

5. 清理皮带机设备转动部位粘料、积料时必须停机。

6. 开机状态下清理皮带机支架及减速机卫生时，必须用小扫帚进行清理。

7. 清扫皮带机两侧和皮带机底部、皮带廊的过程中，要面向皮带机头，从皮带机尾部往头部按要求清扫，清扫工具应紧贴地面，不准抬高，以防清扫工具被皮带与托轮咬住，一旦工具被咬住，要立即放手，防止皮带挤手伤人。

8. 清理运转的皮带机时，严禁戴手套，旋转部位严禁使用棉纱擦拭、抽打。

想心事，砸折了班长的脚趾

📢 **当事者说** 》》》》》

"那次，由于我的疏忽，把滕哥的脚趾砸骨折了……"在某矿业有限公司员工安全警示教育会上，我的同事刘某某主动揭开了心底的"疤"，愧疚地讲述着5年前他在某矿综掘队工作时，因为工作时想心事，注意力不集中，砸伤班长滕某某脚趾的那段不堪回首的往事。

那天是周五，刘某某想到今天在城里陪儿子读书的妻子要回来"团聚"，就期待时间过得快一点，再快一点。有了这"心事"，没等滕某某吩咐，他就主动上紧了松动的卡兰螺丝，整改了"网片搭接不合理"等安全隐患。看他忙得不亦乐乎，工友们纷纷调侃道："你这小子是不是中奖了？""抢着干活，效率还蛮高的。"这让小刘心里更乐了。

"去把胶带钉扣机搬来，咱俩续接胶带。"滕某某吩咐刘某某。"得令！"刘某某应了一声，便一口气从60米外把约30千克重的胶带钉扣机搬了过来。由于走得急，中途又没休息，就在到达指定地点时，他感到双臂酸软、双腿发麻，正要放下胶带钉扣机时，忽然一个趔趄，钉扣机一下子从他手中飞了出去，碰巧砸在一根闲置的道木上，接着快速滑到正弯腰忙着续接胶带的滕某某的右脚趾尖上。

"哎呀！"滕某某惊叫一声，便疼得蹲在地上，双手捂紧右脚趾，脸上写满痛苦。

"我……"刘某某半天才反应过来，一边愧疚地连声说着"对不起"，一边搀扶起滕某某朝巷道外走去。

经诊断，滕某某的右脚中趾骨折。治疗一个多月痊愈回来的滕某某虽然并没有过多地责怪刘某某，但他至今仍懊悔不已："都怪我，要不是自己心急想尽快完成任务升井，也不会出这事。任何时候，都要牢记安全第一呀！"

事故分析 Q

这是一起因现场管理不善，职工安全意识淡薄、意外失手而造成的伤害他人事故。

1. 直接原因

（1）员工刘某某工作时想心事注意力不集中，在搬运胶带钉扣机时，没有合理地在中途休息，逞强蛮干。

（2）员工刘某某在搬运胶带钉扣机时没有俩人配合搬运。

2. 间接原因

安全防范意识差。

从这次事故中，我们吸取的教训是：无论干什么工作，我们都不能注意力不集中，违章蛮干，只有遵章守纪，规范操作，才能确保生产安全。倘若刘某某按部就班、注意力集中地工作，那么那天的事故就不会发生。

✓ 正确做法

为吸取事故教训，查摆身边习惯性违章行为，加强员工自我保护意识教育，做到"三不伤害"，杜绝各类不安全行为，确保井下搬运物料，重物起吊、托运、装卸的安全，进一步规范现场安全管理，井下人工搬运物料要遵守以下相关要求。

1.井下运送袋装物料（如水泥、黄沙等），重量超过 50 千克的禁止单人扛运。

2.长度超过 4 米、重量超过 50 千克的长材料运输期间禁止两人上肩抬。

3.运输轨道时严禁上肩，两人抬运物料期间，必须保证同肩抬运，做到轻起轻放，相互配合到位。

4.木材质物料搬运下放时，禁止直接扔到地上，防止其弹起伤人。

5.搬运滚动性物体时，手、脚不能朝向物体滚动的方向。

6.装卸物料时必须分类摆放整齐、成线，摆向一致，不允许多种物料混放在一起。

7.装卸时应做到轻搬轻放，大不压小，重不压轻，堆放要平稳，捆扎要牢固。

违章跨车，屁股开"花"

📢 **当事者说** >>>>>

"'扑通！'沉闷的声音发出之后，我痛苦地叫了起来，我的屁股被装料车刮破，鲜血渗过工作服，开出一朵大大的'花'。"在一次警示教育会上，河南某矿运输队运矸班的赵某再次说起10年前那次刻骨铭心的事故，这其中"血的教训"让与会人员受到深刻教育。

"李师傅，我们喝口水再走吧。""这会儿生产任务正紧！不快点干完怎么挣钱啊？等运完这趟再喝吧。"听到李师傅这样回答，赵某只好认真地将装满矸石的6辆矿车连接好，跟着电瓶车往矸石山方向走。

刚走几步，突然，一个念头闪过赵某的脑海，反正这会儿领导不在，我上车走，多省劲呀！

于是，赵某瞅准时机，一个箭步跨上最后那辆矿车，双脚站在车头处，双手紧紧地扶着矿车车斗，身子一弯，屁股不由自主地露出车外。

"舒服，还有点风呢。"赵某不禁为自己的偷懒"绝技"沾沾自喜起来，完全没有觉察到危险在悄悄逼近。

嘭！矿车行驶才100多米，正经过综采支架场地的四股道处，猝不及防，赵某的屁股与四股道处停放的装料车猛地碰撞到一起。

"扑通！"赵某一下子跌下矿车倒在地上。不远处，检修支架的综采队员工宋师傅闻声飞奔而至，只见赵某侧卧在道旁"哎呀"地叫着，屁股上已经是血染的"风采"。

宋师傅急忙喊来李师傅，将赵某送往医院。所幸骨头没事，仅伤到皮肉，却也让赵某趴在床上 16 天。

事后，赵某对自己跨车违章的行为懊悔不已："怨我，都怨我，我不该耍小聪明，既害了自己，还连累班组、区队跟着受罚。"

如今，赵某重提那件自己"屁股开花"的往事时，常引来工友们哈哈大笑，笑声中也提醒忽视安全规程的工友要谨记"按章操作处处安"，不管何时，一定要严格按规程作业，否则吃亏的是自己。

事故分析 🔍

这是一起典型的因现场疏于管理，员工违反规定乘车造成的刮伤事故。

1. 直接原因

员工赵某安全意识淡薄，没有坚持安全第一的思想，没有认真履行岗位责任制，为了偷懒，违章跨车导致自己受伤。

2. 间接原因

（1）区队对职工安全教育不够，现场管理不到位，规程措施不能现场落实。

（2）员工赵某个人麻痹大意，自主保安意识差。看到没有监督人员便心存侥幸违章作业。

通过本案例，我们应清楚地认识到"安全为天"的真正意义，哪怕是小小的违章和隐患都可能会导致意想不到的事故，煤矿井下作业是一个特殊的行业，我们不但要自主保安，还要严格落实互保、联保责任。再就是要遵章守纪，不要为了图省事、省力气而违章扒乘矿车，出现本该避免的事故。

✅ **正确做法**

1. 企业在今后避免此类事故发生的正确做法

（1）督促员工加强对安全技术措施的学习，任何施工作业，没有安全技术措施一律不得实施，在全矿开展《作业规程》和《安全操作规程》以及各项技术措施的学习，使每一名干部、职工都能熟悉作业规程和措施内容，狠抓现场落实，按章作业、安全操作，杜绝违章指挥和违章作业行为。

（2）加强员工安全教育培训，让安全意识入心入脑，全面提升自我保安意识，不是没有监督人员就可以对危险心存侥幸。

2. 保障员工上下山行走安全的正确做法

（1）行人要走专用上下山道，因工作需要走绞车道时，必须听从蹬钩工的指挥和看红绿警示灯的警示，严格执行"行车不行人，行人不行车"的规定。如遇上绞车道正在拉、放车时，要先在躲避硐室内等待，等车拉放完再行走。凡是挂有"只准行车、不准行人"的巷道，行人不得通过。

（2）严禁扒、蹬矿车。严禁乘矿车上下山。

（3）要走巷道较宽的一侧，行走时还要注意观察顶板和两帮是否有突出物或浮石，以防刮伤和砸伤。

（4）从巷道一帮到另一帮，如果绞车的大绳正在运行，千万不能跨越，防止绞车的大绳弹起崩伤人。

（5）走下山绞车道时，一定要注意先把保险门关上再往下行走。进入车场前，确认无放车后再继续行走。

（6）跨越钢丝绳时要小心谨慎，无论如何都不准骑着钢丝绳行走，通过弯道时，要走钢丝绳外侧。

（7）通过弯道、交叉口、风口时，应"一停、二看、三通过"，随时注意车辆往来。

未正确携带工具，差点"自断"中指

当事者 说 》》》》

"大家一定要记住'小心没大错'，那次我要是正确携带工具，就不会伤到自己……"11月22日，在某煤业运输队员工安全警示会议上，我讲述着8年前那次刻骨铭心的"断指"事故。

2012年3月，我在某矿开拓队做架棚工，负责掘进支护工作。一天我上4点的班，班长侯师傅在班前会上布置完工作任务后，再次强调了安全注意事项，还特别提醒职工要按规定正确携带工具，千万不能伤到自己和他人。当时我一边听一边小声嘟囔："谁都不傻，哪舍得搬起石头砸自己的脚，还要你嘱咐呀？"

因为分工明确，安排合理，我和工友郭师傅提前30分钟便完成了在−329泄水巷迎头棚的生产任务。侯班长再次提醒道："一会儿要交班了，大家再仔细检查一下工作质量，收拾好工具，就可以下班了。"刚坐下休息的我听了侯班长的话，急忙起身检查迎头棚的质量。刚检查完，急性子的郭师傅就冲我喊道："走吧，别磨蹭了。"

我一边答应着，一边顺手拿起斧头夹在左腋下，和郭师傅从工作面返回。途经东大巷的风门时，我习惯性地把斧头往腋窝深处移了移，腾出右手用力拉风门时，才发现忘记套斧头防护套了，"吱"，第一道风门被轻巧地打开了，没事。

穿过第二道风门时，我耳边响起侯师傅的话，本想用随身携带的毛巾将斧头先包上，转念一想：哪儿会那么巧呢？"快走，赶上前面的工友，凑一块儿升井。"郭师傅再次催促我。我不由自主地加快了脚步，可一不留神，左脚尖绊住了道面上的简易阻车器，一个趔趄，我双膝跪倒在地，双手本能地摁住地面。这时，腋下的斧头突然从腋窝滑落，刃面刚巧砸到我的左手手指处。

"哎呀！疼死了！"我疼得忍不住大叫起来。郭师傅听到后折身跑向我。我的左手手指在不停地流血，他急忙撕下自己的上衣下摆缠住我受伤的手指，之后将我送到矿区医院包扎治疗。

所幸这次意外仅造成我的左手中指轻微骨折，其他手指也只是皮外伤。

"不听班长言，吃亏在眼前。如果伤我的是刚磨过的斧头，那我的手指估计就保不住了。规范操作是斧头套上防护套或者缠上油布，手握斧头，手把朝下携带。"事后，我心有余悸地在班前会上作检查。侯班长在班前会上认真总结了这次事故教训，说这是个极容易被忽视的习惯性违章，还批评郭师傅没有及时监督提醒，再次要求大家要按章操作，让安全成为一种习惯。

差点"自断"中指的事故虽然过去8年了，却时常提醒着我，细节决定成败，安全工作由不得一丝疏忽，唯有遵章守纪，才能确保安全。

事故分析 🔍

这是一起因现场管理不严格，职工的工器具意外掉落造成的伤人事故。

1. 直接原因

事故当班员工郭师傅和伤者，思想上有赶时间早下班的想法，未套斧头防护套便携带行走，伤者在行走途中不慎被绊倒，携带的斧头掉落导致受伤。

2. 间接原因

（1）事故当班员工郭师傅和伤者安全意识淡薄，自保、互保意识差，对危险源识别能力低。

（2）郭师傅性格急躁没有做到互保、联保，催促队友下班。

规章制度都是用鲜血和生命换来的，我们一定要坚决遵守，绝不含糊。因此，在平时的安全生产中，不仅要查找明显的、表面的违章和隐患，更要重视那些潜在的习惯性违章，只有这样，才能从根本上搞好安全工作。

✅ 正确做法

井下人员行走行为规范：

1. 保持清醒的头脑、充沛的精力，在良好的精神状态下下井作业。

2. 在巷道中行走，尽量避免独行，最好2人以上结伴同行，遇事可以相互关照，同行人员要同进同出。

3. 要穿戴好个人劳动防护用品，眼观各种信号灯、路标，不可嬉戏打闹，双脚要踏实踩稳。

4. 在巷道中行走时，要眼、耳、脑一齐动作。

眼：通过观察远处的弧光、架线是否摆动等情况来判断巷道中有无机车运行。

耳：通过听车辆声音的强弱、方向及从工友处了解情况，做到对车辆运行情况心中有数。

脑：分析眼睛看到的、耳朵听到的，及时作出正确的判断，以便随时避让往来车辆。

5.在巷道中避让车辆时，要选择在安全的地段，要在有充足的避让空间，充足照明光线的地方避让。若在光线不足处避车，可把手电筒打开作为给司机的信号，但严禁用手电筒直接照射司机的眼睛及乱晃手电筒，以免造成事故。

6.挂有"禁止进入"或危险警告标志及采取封闭措施的巷道严禁进入。自己未到过的、情况不明的、长时间未进过人的、无风的巷道或硐室，在采取切实可行的安全措施之前，千万不可进入。

7.携带工具在大巷行走时，必须用手提住，将锋利的一头垂直于地面，严禁肩扛。携带的物品要妥善保管，小心金属物品（如铁锹、锚杆等）不要扎到电缆、胶管和碰伤人。

多人作业，管理不善遇险

当事者说 »»»»

我是某铁路局机械化清筛施工五队线路工，在铁路上工作了28年。2005年夏天的那次野外作业，对我的触动非常大，让我在事后深刻体会到：安全防护是群体作业的保护神！

那天夜里，安全员预报当天轨温（钢轨表面温度）为46℃，气温为34℃。为此，领导安排我所在的机械化清筛施工五队在西陇海线虞城站内利用夜间进行人工大修换枕作业。因为是在站内，无法从事机械化施工，所以只能采用原始的人工战术。由于当日计划换枕作业量大，在预卸枕作业过程中，有时受桥梁和线路信号机影响，预卸枕对点差很大，造成换枕时不得不进行人工推机作业，否则，就会影响换枕工作进度，造成误工。

当时，作业现场有200多名民工利用单轨小车进行运枕作业，施工时配备了1名专门防护员与驻站员负责联络。由于民工们干活心切，想早点完成工作，于是都攒着劲大干多干，前后推运枕木，跑得非常快。"各工班注意了，15分钟后有一趟临时客车经过换枕区段，所有人员回填轨下石砟，提前10分钟下道避车！"夜里11时，车站驻站联络员用对讲机通知防护员，说有趟临时客车要经过换枕地段。

按照惯例，封锁点内施工区段是不可能有列车通过的，但是由于车站其他的线路股道都停满了车辆，临时列车不能通过，只有从封锁线路过去，这在以前是从未发生过的事情。险情就是命令。防护员一直在鸣号警告撤离，走在前面的民工听到预警后都停了下来，可是由于现场有200多人，不仅战线长，而且作业人员太分散，而前后只有一个安全防护员，其他带工人员都没有安全防护设备与防护职责，导致后面作业区段成了安全防护的"盲区"，所以，后面的人只顾推着运枕小车，没有听到防护预警。

5分钟后，临时加进的列车已经开过来，当列车接近后面工作的民工时，前面的号子声、汽笛声、哨子声大作，我和那些正在干活的民工纳闷："活儿还没有干到一半儿，前面为什么响起如此嘈杂的号子声、汽笛声、哨子声？出什么事了？"这时，一个站在运枕小车上的民工突然看见夜色中临时列车正开过来，吓得他一边大呼"列车来了，列车来了……"并立即从车上跳下来，一边把旁边的其他人推下了线路，并掀翻运枕小车……大伙儿这时才反应过来，一齐跑下了线路。几乎同时，列车也从身边驶了过去，差点酿成一起重大责任事故。

这次夜间经历太吓人了。回头看看这次险情，虽然没有造成人员伤亡，但也把所有的人都惊出了一身冷汗，真是太危险了。这次险情告诉我们，在铁路施工作业前，一定要提高安全防护意识，做足安全预防措施，把安全危险因素牢记心中。在施工过程中，要时刻保持警惕性，施工作业计划与组织更要细致、周密，群体作业更要注重现场互相之间的防护。

事故分析 🔍

这是一起因施工现场组织混乱、信息传递不畅而导致的未遂事故。

1.直接原因

施工队的施工组织方式粗犷、管理松散、战线太长，导致作业现场差点发生群死群伤。一是对于需要200多人同时作业的"大型施工任务"，没能通过合理分工、化整为零对任务进行分解，导致作业面拉得太长，作业人员各自为政，场面混乱，产生较多的"管理和防护盲区"；二是为如此"大型作业"配备的现场安全管理人员太少（只有1人），加之现场施工组织混乱，遇突发情况时，现场安全员无法有效发挥监护作用。

2.间接原因

（1）"封锁点内施工区段不可能有列车通过"的惯性思维，让施工人员产生思想懈怠，安全意识下降，没准备应急处置方案。

（2）对于人员众多的施工，没有根据人员和工作性质进行有效的分组，导致组织体系不健全，管理人员缺乏和信息传递不畅通。

封锁点内施工区段不可能有列车经过的惯性思维，限制了人的认知，麻痹了人的安全意识，当临时行车路线变更，列车经过封锁点施工区段时，让毫无思想准备的施工人员，在无序的作业现场，被突如其来的列车威胁，险象环生，侥幸的是没有发生人员伤亡。这起未遂事故说明，事事都在变化之中，只有做到摒弃惯性思维、安全生产警钟长鸣、应急措施常抓不懈、施工作业组织健全、信息传递畅通无阻，才能确保施工人员安全。

✅ 正确做法

对于这样一种在一个较长作业面上同时安排200多人作业的施工任务，负责人应该：首先，根据作业流程、作业量等将200多名施工人员划分为若干个施工小队，每个施工小队明确一名临时负责人并配备 1 名现场安全员；其次，要对施工作业面和相关路段开展作业前的危险源辨识，对辨识出的主要风险进行必要的评价并按照管理、技术、组织、应急四个维度编列对应的管控措施，编制必要的应急预案或现场处置方案，明确人员责任与分工，然后按照预案组织各施工小队长开展桌面演练（或抽调一个小队进行实操演练，其他小队观摩），根据演练情况查摆应急预案或现场处置方案暴露出的问题，并进行必要的修订和完善，确保相关预案科学有效、简便实用、可操作性强。应急预案在组织学习的基础上，要放置到作业现场，常备不懈。

用水冲煤尘带来永远的伤痛

🔊 **当事者 说** 》》》》》

2020 年 5 月 10 日，我在郑州某公司煤矿北山生活区遇到久违的张师傅，看到他习惯性地将失去手掌的左臂往衣兜里插，我心里挺不是滋味的，想起 11 年前发生的事。

2009 年，我在煤矿机电二队东大巷开 21 给煤机，主要负责皮带机的设备维护和巷道卫生清扫工作。东大巷皮带机长 2500 米，承载着 80% 矿井煤炭的运输任务。那里风流量大，卫生不容易清扫，尤其是机尾部分，中间隔着两道风门，煤尘透过风门随风刮到机尾，用扫帚扫、铁锹往胶带上撩，大部分煤尘随风而去，打扫卫生是既费力又费事。

3 月的一个夜班，和我同班的机修工张师傅家中有事，想早点下班，就采用了自认为"快捷"的方法，用水冲煤尘。其实，这是矿上明文规定不允许的，因为用水冲的煤尘，会随着污水直接流入水沟，造成水沟堵塞，影响矿井排水不说，还很不安全。我知道张师傅是图省事，碍于情面，早把规章制度忘到九霄云外了，没有制止他的违章操作。

俗话说"聪明反被聪明误"。凌晨 3 时多，他打算迅速把运输机机尾里的煤尘冲刷干净。但是，就在他向外递水管的一刹那，水管的一端随胶带进入拖带滚筒，而水管的另一端正紧紧缠在他的左臂上，受胶带拉力的影响，他的左臂立在下托辊架边紧贴运输机胶带，不停地被胶带勒紧。他疼得满头大汗，咧着嘴痛苦地叫起来，挣扎着想把水管从滚筒中抽出，但在胶带不停运转产生的巨大拉力面前，无济于事。他连忙用水管向底皮带上洒水，想造成胶带打滑停机，可根本不起作用。情急之中，他把矿灯扔在胶带上。也许是天无绝人之路。正好工作面没有出煤，胶带上只有矿灯，矿灯随着胶带的运转不断闪烁，我这才发现异常，急忙打停机信号，运输机司机看到信号立即停机。

我们赶过去，看见张师傅用力把水管从拖带滚筒里拽出，左臂从水管里抽出，十分吃力地从机尾爬出来。我们急忙送他到医院抢救，不幸的是由于胶带不停运转磨损左臂产生的高温，烧坏了他的骨头和肉，只好把左手截肢，造成终身残疾。

事故分析🔍

这是一起因习惯性违章作业，不执行操作规程、忽视现场管理导致的皮带意外伤害事故。

1. 直接原因

当班机修工张师傅违反矿上规定违章用水冲皮带和巷道的煤尘，在把水管跨皮带递出去时，水管的一端随胶带进入拖带滚筒，并把其手臂绞住致其受伤。

2. 间接原因

（1）该煤矿机电二队现场安全管理有漏洞，对职工的违章行为监督检查不力，相关作业规程在现场得不到有效落实。

（2）该煤矿机电二队对职工安全教育不够，要求不严，造成个别职工安全意识不强，违章作业，其他员工重情面、轻安全，对违章作业不进行制止。

（3）当班机修工张师傅自主保安意识不强，在岗期间急躁、蛮干、心不在焉。

事故往往就是一念之差造成的，生产中图省事造成的事故数不胜数。因此，班组员工们一定要克服侥幸心理，按章作业，远离事故。

✅ **正确做法**

1.加强对职工的安全教育和培训，提高职工安全意识和防范能力，做好自保、互保，防止事故发生。

2.搞好业务保安工作，加大对现场安全管理力度，特别是要加强对情绪不稳定或入井前心理状态不稳等的高危人员的安全管理和监督检查力度，严格要求职工按操作规程、安全技术措施作业，采取强有力的措施遏制违章行为，杜绝"三违"现象，确保矿井安全施工。

3.加强对岗位作业人员的现场管理，规范职工操作，在清理浮煤等作业时，严格按照操作规程进行作业。

4.加强对设备转动部位的安全防护，严禁作业人员开机检修、在皮带运转情况下清理打扫。

5.举一反三，认真吸取事故教训，深刻开展反思活动，严反"三违"，扎实搞好隐患排查工作，确保矿井安全生产。

一次违章指挥害了一条人命

1998年9月的一天，年轻的我带着好奇心走进了某煤电公司采煤三队，成为一名一线的采煤工人。那时，和很多煤矿一样，该公司煤矿的机械化程度很低，采煤、掘进都要靠人工。由于工人的安全意识比较淡薄，煤矿安全生产面临较大隐患，对违章指挥、违章行为大家都是见惯不惊。

记得那是2007年5月21日，我们班在采煤工作面出完煤后开始推溜子。刚推完溜子，当班现场值班的生产副队长就让我们去更换刮板运输机的槽子。根据我的经验，这是违反安全作业规程的。

这时，我听到一名工友小声说："副队长，按照规定，推完溜子后应该赶紧用单体支柱进行安全支护，防止顶板垮塌。"这名副队长听到了，就拉下脸说："就你话多，支护好后再换槽子多碍事，还影响生产进度，少拿钱你高兴啊？"他是副队长，他这样说了，也没有工友敢反对，我们只好按他说的做。

没过多久，突然，伴随着一阵异样的响声，原来看似坚固的顶板开始往下掉落碎矸石。一名干了五六年的老工人立即大声喊："不好了！顶板要垮塌了，兄弟们，快跑啊！"顿时，大家都慌了神，扔下手里的工具就往外跑，特别是几个从没有见过这种阵势的新工人，更是吓得哇哇大叫，哭爹喊娘。

当时，我心里就有种不祥的预感，我连滚带爬地往有密集支柱支护的安全地方跑。跑的过程中，也顾不上身上的衣服被尖利的煤矸石刮破，浑身都是凉飕飕的，冷汗从额头上直往下流。之后，只听"轰隆"一声巨响，巨大而沉重的顶板带着寒意和煤尘直直地在瞬间垮塌，一名跑得最慢的工友被埋在了起码有几十吨重的矸石下面。

我们顿时惊呆了。时间仿佛在那一刻凝固，每个人都手足无措。过了四五秒钟，我们班长最先醒过神来。他大声哭喊着："都愣着干什么，赶快救人啊！"班长原本洪亮的声音在极度惊吓下变了声，尖厉地刺激着我们的耳膜。

在班长的呼喊下，我们都纷纷回过神来，每个人都像疯了一样，呼唤着被压住工友的名字，拼命地扒着垮塌的矸石堆。我看见很多人哭了，悲伤的眼泪哗哗地流。其实，大家心里都明白，在这几十吨重的矸石重压之下，工友几乎是不可能活着出来了。

在班长的带领下，我们全班围着垮塌的矸石堆连续干了5个小时，不眠不休。大家的手指被垮塌的矸石划得血肉模糊，但没一个人喊疼。终于，我们从矸石堆里扒出了那名工友早已僵硬的尸体。冷冰的尸体上黑煤和着鲜血，使我一辈子都忘不掉。

那名副队长当场就痛哭失声，后悔自己违章指挥，害他人失去性命。而我也后悔当时没有及时站出来，坚定地反对那位副队长的违章指挥。然而，说什么都是事后诸葛亮了，因为事故发生后没有"如果"。

这件事给我们带来了很大的教训，"不违章指挥"这5个字从此深深地印在了我的脑海里。从 2003 年我当上了采煤队炮班班长起，自己就坚决做到不违章指挥，同时要求全班职工坚决做到不违章作业。在关键岗位，我会一直在现场蹲点监督作业，发现不安全行为就立刻上前制止。

对此，有些工友还埋怨我这个班长在安全上抓得太紧、管得太宽，太不讲情面。我告诉工友们，我身为炮班班长，安全责任重大，没有什么比生命更重要，我们每个安全管理者和劳动者都要敬畏生命，不再违章，远离违章，让每个生命都能沐浴在灿烂的阳光下，盛开最美的生命之花。

事故分析

这是一起典型的因违章指挥而引发的顶板坍塌致人死亡事故。

1. 直接原因

（1）当班现场值班生产副队长违章指挥。

（2）当班职工全部违章作业，没有利用职工有权拒绝违章指挥的权利，自主保安意识差，对顶板冒落可能造成的危害辨识不到位。

2. 间接原因

（1）当班班长班中巡查不到位，不能对工作面存在的危险源及时提出警示，并且同职工一起冒险作业。

（2）区队安全教育培训不到位，致使干部、职工对危险源辨识能力不强，安全防范意识差，没有做到不安全不生产和拒绝"三违"。

该煤电公司采煤三队工人的安全意识比较淡薄，按照相关操作规程，推完溜子后应该马上用单体支柱进行安全支护，防止顶板垮塌。而作为一名采煤队生产副队长应该非常清楚这条规定，但是他却仅把它作为一条"无用"的规则抛在了脑后，在作业现场依然我行我素，习惯性违章，而其他人也是看惯了、干惯了，没有一个人站出来制止，最终漠视安全的人受到了安全的"惩罚"。

✅ 正确做法

1. 加强对干部、职工的安全教育培训，提升安全防范意识和危险源辨识能力。

2. 跟班人员及班长班中加强巡查，及时就工作面存在的隐患问题、危险源对职工提出警示。

3. 正确处理好安全与生产的关系，坚决做到不安全不生产。

4. 加强现场施工流程控制，严格按章作业。

作业程序不清晰，导致一死一伤

当事者说 >>>>>

俗话说："一朝被蛇咬，十年怕井绳。"现在，只要我一听到有人说谁在生产工作中冒险蛮干，心里总难免要担惊受怕一番。因为30年前那一场生与死的经历惊心动魄，总是在我的脑海里浮现，挥之不去，忘记不了。

我叫彭某某，今年49岁，1985年12月参加工作来到煤矿。记得刚工作时，我在井下采煤队从事刮板运煤机司机的工作。这个队采煤工作面开采出的煤炭，必须经井运巷道多台刮板运煤机运送至溜煤下山，下滑溜入煤仓，然后再从煤仓中放入矿车运出地面。

那是1986年9月26日早班，我开着第二台刮板运煤机正在运煤，突然"叮当"一声响，第一台刮板运煤机司机向师傅打来了停开信号。我停下机前去，看见第一台刮板运煤机的机头下方150余米长的斜坡溜煤下山不知何故被煤炭堵塞住了。原来是没有矿车到煤仓装运煤炭，致使煤仓爆满，堵塞了整个煤仓和溜煤下山。但是，当煤仓的煤炭放空后，溜煤下山里的煤炭仍然堵着。

为了尽快疏通溜煤下山，向师傅拿来一根保险绳对我说："这个溜煤下山曾经堵过好几次，都是我处理的，我下去捅煤，你在上面看好安全就行。"向师傅一边说着一边熟练地把保险绳一端系在自己腰上。可是，向师傅在巷道内找不到保险绳另一端的固定点，无奈，他将保险绳拴在我的腰间，叫我牢牢抓住刮板运输机的机头。这样，向师傅就进入溜煤下山用手刨脚踩的方法捅煤。

当时，我也没有细想，也未加以阻挡，心里想的是早点把溜煤下山疏通，尽快恢复运煤生产。当向师傅掏了大约25米时，剩余的煤炭突然一下子全部下滑涌向煤仓，向师傅不慎滚入溜槽，霎时巨大的向下的拉力使我无法抓牢机头，连人带绳被向师傅一下拉入溜槽，顺溜煤下山急剧下滑坠入煤仓。

这时，溜煤下山涌入的煤炭在煤仓内呈斜坡状，向师傅滚在了煤仓底部，我位于斜坡上端。我惊魂未定，求生的欲望使我顾不得身上疼痛，急忙解下身上的保险绳，赶快找寻攀爬点想爬出煤仓。更可怕的是，此时井运巷道里的两位值班电工，听到采煤工作面有人连续大声呼喊："快开机运煤啦！"

这两位值班电工见巷道里没有了司机，便擅自开动刮板运煤机运煤，致使大量的煤炭涌入煤仓，很快就将向师傅埋住。我快速躲闪到煤仓壁旁，吓得直叫喊："救命啊……"但是，双脚很快被煤炭埋住，我奋力向上跳跃，用力抽出双脚，无奈煤仓里的煤炭是越来越多，我想，这下是死定了。在这紧急关头，跟班副队长冯师傅刚好从煤仓口经过，听到我的呼救声，急忙伸手奋力将我拉出了煤仓。受伤的我在煤仓外哭喊着："快救救向师傅呀！"可是，向师傅已被煤深埋，窒息死亡。

虽然，这起事故过去已有30年了，事故的相关责任人在当时也受到了严厉处罚，但每当我想起那可怕的一幕，总是心有余悸，如果当时冯队长未及时出现，自己早就不在人世了，我也时常为失去工友而痛心疾首。

如果当时安全带系牢了，如果我及时阻止向师傅的违章行为，也不至于发生惨痛的工亡事故。在这里，我要真诚地提醒大家："工作时千万要按章操作，不能侥幸行事，大家一定要吸取向师傅的事故教训，做到见人违章，坚决制止，不要盲目冒险蛮干，因为人的生命只有一次。"

事故分析🔍

这是一起典型的因作业现场管理混乱导致的人员伤亡事故。

1.直接原因

（1）清仓施工的安全技术措施制定得不细，没有具体规定清仓作业程序，造成员工习惯性非标准作业，违反了《煤矿安全规程》的规定。

（2）员工对作业地点安全情况检查得不细，违章蛮干，未严格执行《煤矿安全规程》中处理煤仓堵眼的规定，以及未采取正确的防坠措施，冒险进入仓内作业。

2.间接原因

（1）现场作业人员自保、互保能力不强，当出现违章作业情况时未能及时阻止。

（2）企业管理混乱，电工擅自开动刮板运煤机运煤，严重违反了安全生产管理制度和员工操作规程。

✔ 正确做法

处理煤仓、溜煤眼堵塞的措施如下。

1. 严禁用明炮或糊炮炸堵塞处；严禁人员进入煤仓、溜煤眼处理堵塞物。

2. 处理煤仓、溜煤眼的堵塞，应先制定安全技术措施，否则，不得进行处理。

3. 处理煤仓、溜煤眼堵塞，必须确认在处理时不危及操作人员以及周围人员的安全（如采取排出煤仓、溜煤眼内的积水和积存瓦斯，加固周围巷道支护，设置警戒人员，切断电源等安全措施）后，方可进行处理。

4. 处理煤仓、溜煤眼堵塞时，必须有监视或警戒人员在场，严禁一人作业。

5. 根据具体情况，采用下列处理煤仓、溜煤眼堵塞的方法：

（1）煤仓、溜煤眼下部轻微堵塞时，最好用压风管吹风冲散处理。

（2）一般堵塞时，采用高压水从下口往上冲刷堵塞部位，但必须严防煤水突然冲下而冲倒棚子，淤塞皮带及巷道造成淹人、埋人的事故。严禁从上往下冲水。

（3）在煤仓、溜煤眼口或在窗孔处理堵塞时，采用长杆捅眼，但操作人员必须立于支架完整、顶板完好的安全处。有电源线的应先切断电源，防止触电事故。

企业应加强员工必须严格执行安全操作规程和岗位标准作业流程的培训。启动设备，要照章按序进行，设备符合启动条件后，要同有关运行人员取得联系，由岗位工启动试运，绝不能由其他岗位人员擅自启动。

维修皮带机前未停机上锁致严重伤害

当事者说 >>>>

2015 年 3 月 30 日中班，我所在的某能源集团煤矿，一位钳工在采煤工作面对运煤皮带进行日常维护时，右手被卷入皮带机机头滚筒，造成右手肩关节脱出、肩胛骨骨折的严重伤害事故。

事故发生的过程是这样的：当天，钳工姜师傅到该队所在的工作面运输巷，对运煤皮带进行日常检查维护。从现场的监控录像中看到，下午 5 时 30 分左右，姜师傅来到第二台皮带机机尾检查，发现该皮带接煤装置下方只有两个底托辊，现场的跟班队干赵师傅便安排姜师傅仔细检查一下，看是否能再加装一个托辊。

于是，姜师傅、赵师傅以及皮带机司机程师傅 3 人一起清除托辊边的浮煤，仔细观察后才发现，这两个底托辊中间有一个托辊基座眼孔错位，上不了螺栓，没法安装托辊。大家商量后决定，实在加装不了就算了。

5 时 35 分，姜师傅离开第二台皮带机机尾，来到第三台皮带机机头滚筒处。刚到机头滚筒处的姜师傅，突然一下子翻滚到第二台皮带接煤装置内，现场顿时煤尘飞扬，惨叫声不断。突然的变故让现场的赵师傅和程师傅猝不及防，赵师傅当即喊皮带机司机程师傅停下皮带。二人合力将姜师傅挂入皮带机机头滚筒下方的右手取出，此时姜师傅昏了过去，程师傅赶紧向调度室汇报，等待救援。

据姜师傅事后回忆，当时他的衣袖被皮带接头的穿销挂住，导致右手挂入转动的皮带机机头滚筒上，身体跟着滚筒的旋转打了个滚儿，翻进第二台皮带机内，整个手臂几乎从肩膀处扯脱下来，现场血肉模糊。据皮带机司机程师傅说，当时他吓坏了，给调度室汇报时，都是带着哭腔的，以致后来很多天晚上都睡不着，一闭眼就想起那只血肉模糊的手。

这一事故的发生，暴露出了该矿在员工现场操作和安全管理上存在不规范的行为。如果跟班队干履行好自己的职责，先让员工停止皮带运转，再处理托辊；如果现场安排了专人监管，随时提醒大家注意安全；如果姜师傅在工作时更小心一点，与运转的皮带保持安全距离，悲剧就不会发生。

事故分析 Q

这是一起典型的因现场管理不善，在机器运转时违章检修导致的皮带伤人事故。

1. 直接原因

检修皮带时，必须将皮带机停电、上锁、挂上警示牌，在确保安全的情况下方可作业，这是每名皮带清理工必须掌握的常识，但就是这最基本的常识却被忽视了。

2. 间接原因

员工互保、联保观念不强，现场管理混乱，检修皮带前，未和皮带机司机联系停机，似乎违章已成习惯，终致事故发生。

根据《煤矿安全规程》第六百二十九条规定，维修皮带机必须停机上锁，并有专人监护。钳工姜师傅等人在发现皮带机存在隐患后，自始至终没有按照《煤矿安全规程》规定，先停止设备运转，安排专人负责安全，再进行检查维修，以至于造成了差点丢命的严重后果。

✅ 正确做法

1. 根据《煤矿安全规程》第六百二十九条规定，维修带式输送机必须停机上锁，并有专人监护。

2. 加强对职工的安全培训教育，提高安全意识和自保、互保意识，提高自我防范能力。

3. 加强对所有设备岗位的现场管理，完善安全相关制度，严格执行设备启动、停止、挂牌及停机检修制度，杜绝职工违章作业，防止类似事故再次发生。

4. 完善和制定设备检修制度，明确检修时的责任人、监护人。

安全管理不到位，钻机"咬"折了右手腕

当事者说 ▶▶▶

"虽然生产任务工期紧，但是大家必须按章操作，杜绝习惯性违章，绝不能戴手套扶钻杆打眼或操作气动设备……"2019 年 12 月 18 日，某综掘队队长耿师傅在班前会上强调。听了这话，6 年多前那令人后怕的一幕再次浮现在我眼前。

2013 年 5 月的一个前夜班，我和青工小毛同往常一样，在班长胡师傅的带领下，对机巷打锚杆顶板进行加固。在做好打眼准备工作后，班长让小毛和他的老搭档王某去打锚索眼。于是，小毛和王某爬上了 1 米多高的架子，王某操作气动锚杆钻机，小毛扶着钻杆按照事先确定的角度开始工作。

没想到，一向谨慎的小毛，这次竟然放松了警惕，戴着帆布手套随意地扶着钻杆，然后发出了"开始"的口令。王某听到口令后，也忘记了"开眼定位时，钻机转速不可过快，气腿推力要调小些"的操作规范，一下子握紧了启动手柄，将气腿推力加到最大，钻机瞬间高速旋转起来。旋即，小毛的右手手套迅速和钻杆拧在一起，当小毛意识到必须立即去掉手套时，已为时过晚，飞速旋转的钻杆容不得他有丝毫的反抗，整个身体也

随之被甩起。小毛一下子蒙了，只感觉眼前一黑，右手腕仿佛被什么紧紧咬住，撕心裂肺地疼痛，他下意识地大叫一声，从架子上跌落下来。这时，明白过来的王某迅速停下钻机，从架子上跳下来，奔向小毛。

我和周围的工友听到惊叫声迅速赶来，只见小毛双眼紧闭，牙齿紧咬，右手上留着破损的手套，手腕关节处严重变形……王某急忙扶起小毛，我迅速将上衣撕下一长条，在工友的帮助下，小心地用布条兜住小毛的右臂，搀扶着将他送到医院救治。经诊断，小毛右手腕粉碎性骨折，就算治愈了，右手也不会再有往日的力气。

事故分析 Q

这是一起因作业人员不按操作规程开启锚杆钻机，违规戴手套扶钻杆，现场安全管理松散导致的人身伤害事故。

1. 直接原因

小毛没有按照操作规程进行操作，打眼时戴着手套去扶钻机钻杆，高速旋转的钻机令他的手腕致残。

2. 间接原因

在工作中没有相互配合，王某听到"开机"口令后，也忘记了"开眼定位时，钻机转速不可过快，气腿推力要调小些"的操作方法。

这起事故中，如果小毛在开钻前进行安全确认，如果王某能按章操作，如果班长能多提醒一次……可是这一切都晚了。

正确做法

1. 加大宣贯力度，提高全员对习惯性违章的思想认识程度。同时，要使我们的各级领导及管理人员对习惯性违章可能对企业发展所产生的巨大的潜在威胁有更高的认识。要对我们的员工讲明习惯性违章造成事故者是直接责任者或是受害者，要用身边的事去教育身边的人，结合实际，不走形式，管理者要摆正生产与安全、效益之间的关系，无论何时、何种情况下，把按章作业放在生产组织的首位，杜绝习惯性违章。

2. 加大对现场装备及工艺布局不合理之处的整改工作，使作业环境符合人的生理特征，便于操作，减少作业人员的劳动强度，尽量给作业人员创造一个良好的作业环境，从本质上消除引发习惯性违章的客观原因。

3. 加大监督力度，用规程规范作业人员的行为，纠正习惯性违章。在实际工作中要想让员工自觉地改正违章行为，自觉遵守作业规程，其难度是很大的。必须用严格的制度加以约束，必须用规程指导作业，必须加强监督检查力度。

火线和零线接反之后，"擦"出火花

我是一名维修电工，多年以前，一起因接线电工未遵守作业程序而在后续的检修作业时"擦"出火花的事件，让我记忆深刻。

记得当时厂里的一台仪表频繁出现故障，仪表班组的师傅也找不到症结所在，只好向生产厂家的技术人员求助。

要检查仪表故障究竟出在哪里，首先得断电。这台仪表用的是220伏交流电，供电开关在机房的机柜上。仪表班组的师傅将供电开关的"小闸刀"断开，还特地确认了一下确实是断开了，便跑回现场配合检修。可没过多长时间，那位师傅慌慌张张地又跑回来，嘴里还唠唠叨叨地重复着："有电、有电！零线带电！怎么会呢？"

看到班组师傅惊慌失措的样子，我的脑袋里就像炸开了花，感觉血直往上涌，也紧张了起来。我也没敢耽搁，拿起万用表，先测火线那端，没电！再测零线那端，万用表的液晶屏上竟然显示着"220V"。

"难道是火线和零线接反了？"带着疑惑，我们两人又把这条供电线路进行了全面排查，终于弄明白是怎么一回事儿了。原来，在机房接入的供电线路要经过机柜上的一个开关，再引到机柜的供电端子排上。进来的线路，左边那根是零线，右边那根是火线。施工人员在引入供电线路时，误把零线当成了火线，引到一排"小闸刀"保险端子上，而右边的火线则当成了零线，引到了另一排不带"小闸刀"的端子上。这样一来，任凭"小闸刀"如何断开，那根"零线"上始终会带着220伏的交流电，根本就没被断开。结果，那位厂家技术人员将工具与拆下来的带电线路一碰，瞬间火花四溅，把这位技术员吓得脸色煞白，也让现场的其他人着实吓了一跳。

这场意外让在场的人感到后怕，也给我们现场的作业人员带来了反思：如果当年的施工人员遵守作业程序，上电时，依次用万用表测试，就不会埋下线路接错的隐患；如果班组的师傅掰开"小闸刀"后，不简化作业程序，坚持再用万用表确认一下，隐患就能被发现，也不会出现那让人惊恐的一幕……

事故分析 🔍

这是一起因现场管理出现问题，导致的触电伤害未遂事故。

1. 直接原因

（1）当年的施工人员作业马虎，错将线路的火线和零线接反，接线后也没有复查。

（2）在断开"小闸刀"后，作业人员也没有用万用表检查一下线路是否不带电。

2. 间接原因

施工人员和仪表班组作业人员遵守《用电作业安全操作规程》的意识淡薄，作业后擅自简化甚至省略"规定动作"，进而长期形成不良的作业习惯，为事故的发生埋下了隐患。

隐患的形成原因是多方面的，主观意识认为不应该存在的问题，恰恰出现了，隐患或事故总是在不经意间发生。要把"电老虎"装在笼子里，就要保持良好的安全作业习惯，凡事多检查、多复查，不怕麻烦、眼见为实，让认真的态度和不厌其烦的制度执行成为我们的作业习惯、规定动作和护身符。

✅ 正确做法

涉电作业是生产作业活动中常见的一种危险作业，作业人员必须经培训合格上岗，取得《特种作业人员操作证》。非持证高、低压电工一律不得从事涉电作业。在作业中，要严格遵守各项安全操作规程。

没挂"安全警示牌"造成了"大伤害"

当事者说 >>>>

火红的六月，西北油田某油区掀起夺油上产热潮。6 月 16 日上午 11 时许，采油管理一区江苏矿业员工季某某、周某某准备对 TK830 抽油机进行维护保养。"停下！快停下！"季某某、周某某将所需工具整齐摆放、停机、断电、现场硫化氢检测，并相互检查个人防护，刚准备拆卸曲柄销上的螺钉，突然传来叫停的声音。

"怎么了，开工前安全检查完了怎么又叫停了？""是啊，我们都是按操作规程进行的，哪里还有问题？"季某某和周某某满脸"黑线"。"你们做好施工前的安全确认了吗？"我指出了问题所在，"没有在醒目位置摆放'安全警示牌'，你们一旦进入起重机或设备操作人员的视线死角，就极有可能发生意外伤害，后果很严重。""哪有那么巧的事儿，你的要求也太细了吧。"周某某有些不以为然。"那我讲一起亲身经历的事故。"看到了施工人员掉以轻心的态度，我让他们看了看自己腰上的一道疤痕，打开了话匣子。

刚参加工作那会儿，我对安全生产也是大大咧咧的，不重视。有一次夜班快下班时，我发现一台抽油机基座上的螺钉没有压紧，想着这是个小事儿，几分钟就能搞定了，就没按要求上报，也没摆放警示牌就停机紧固。

那天，也不知道为什么螺栓丝扣受损，紧固困难，我折腾了好一会儿都没有完成。突然，抽油机平衡块呼地旋转起来，尽管我在曲柄内侧，但还是被抽油机的突然启动吓得大叫一声，一个趔趄碰在了压杠上，腰部被蹭出一道大口子，血流不止。

原来是夜班员工接班后，以为抽油机因故障停机了，就重新试启抽油机。夜班员工听到有人摔倒时痛苦的叫声连忙停机，并赶过来施救。

"如果当时我在外侧，那就不是简单地把我打翻在地的事情了，而是一次致命的伤害，至今想起来都后怕。在家养伤 13 天，我还被厂部罚款，交了 1000 元'学费'。安全工作的每一个细节都不能大意，不能放松。关键时候，警示牌就是我们的生命牌啊！"我说道。

"杨师傅，谢谢你及时叫停。你给我们上了最生动的一课。安全防线就是我们的生命防线，今后一定要把安全工作的每个细节都做实做牢。"周某某抚摸着安全警示牌，端端正正地把它摆放在最醒目的位置。

事故分析 🔍

这是一起因现场管理不善，工人违章作业而造成的机械伤害事故。当事人发现抽油机基座上的一个螺钉没有压紧，好心上前去实施拧紧作业，但是因为没有按照规范流程挂出警示牌，在检修作业尚未完成时，接班的同事因为不知道有人在检修，直接启动了抽油机，结果导致机械伤害事故。

1.直接原因

当事人实施检修作业前没有按规定报告机器故障，需要挂牌、停机排障，被不明就里的接班同事启动在检修的设备，导致机械伤害事故。

2.间接原因

当事人规则意识淡薄，认为"小维修"可以忽略规范的检修作业流程，结果恰恰是这种"小疏忽"造成了"大伤害"。

现实中，有很多安全管理制度或安全操作规程的出台是用血的教训换来的，班组在对新员工开展班组级岗前安全培训时，如果能将过往发生的事故作为培训有关安全管理制度或安全操作规程的"教材"，无疑会大大提升培训的效果。

✅ 正确做法

《检修作业安全操作规程》如下。

1.所有参加检修作业的人员应严格执行公司安全规定，不得违章指挥、违章操作、违反劳动纪律；严禁酒后上班和上班喝酒。

2.车间要根据检修工作安排，明确检修项目安全负责人，所有参加检修的作业人员，必须服从项目负责人的工作安排，并参加检修小组的安全交底，按规定佩戴好劳动防护用品。

3.检修期间必须严格执行工作票制度，检修时，项目负责人首先应对检修设备进行断电。检修作业未完成，任何人不得送电，如检修中需要临时用电，必须由项目责任人经过仔细检查，确保安全后送电。

4.检修时，应在检修现场显眼处张挂警示牌，进入设备、容器、磨、库、收尘器内作业，必须使用低压安全照明灯，严禁使用220伏照明。

5.任何人严禁翻越栏杆，从设备上、下通行（设备上有行走平台除外）。

6.检修时需撤除安全设施设备（栏杆、防护罩等）的，检修完成后必须立即恢复。

7.检修时严禁交叉、重叠作业，如因工作需要，作业人员应严格遵守交叉、重叠作业操作规程，相互关照，安全上相互提醒。

卸车时急于求成，脚部骨折

当事者说 》》》》

那次没有采取手拉葫芦的工序，原本是想省去1个小时的工作时间，现在我整整在病床上躺了3个月，真是省下不等于赚到，而是赚"大"了。

5月25日上午8时的班前会上，检修班班长张某某给赵师傅、张师傅和我等5名班组员工安排工作任务，更换一号泵房1号、2号、3号潜水泵及2号逆止阀，并交代了注意事项。在领工赵师傅的分工安排下，我们各自开始了工作。

时针指向11时15分，眼瞅着还有两台潜水泵、一台逆止阀未卸车，大家心急如焚，我"灵机一动"提出"合理化"建议："赵师傅，咱们平时运输设备使用的是带有车帮的料车，这次是平板车。一号泵房外路面是三合土，所以，我们可以使用撬杠将潜水泵、逆止阀从车厢滚下来，不仅可以省去1个小时使用手拉葫芦起吊、下落工序的时间，也不会损坏潜水泵、逆止阀。"

"这个建议好是好，但万一滚落过程中砸伤员工怎么办？可不这样干，今天咱们的工作任务肯定要迟点才能完成。"赵师傅嘴里嘀咕着。

"不用担心，大家小心点就是了。"我回答说。赵师傅想想也有道理，就忘记了班长交代的注意事项，默许了。

赵师傅在旁边盯防安全，张师傅站在车厢上用撬杠撬动潜水泵，随后潜水泵安全落地，大家都为"捷径"而高兴，放松了警惕。我未待另一台潜水泵落地，便迫不及待地运输地面的潜水泵。没料到，张师傅在车上撬动的潜水泵，"砰"地落地后翻滚着。

"快跑！"赵师傅见状，脱口喊出。可我躲闪不及，右脚还是被潜水泵挤压，一时疼痛难忍，心想，这下废了。

"唉！想不到咱们班前会上学过的事故案例，竟然在我身上发生了。以后工作中，哪怕加班，大家也要按章操作！"随后，我被送往医院急救后，反复看着"腓骨远端、踝关节前缘骨折"的诊断结果和事故通报，后悔地认识到，自己的"小聪明"不仅让自己遭受"赚到"的痛苦，工资奖金也被扣减，还让整个队里受到了连带处罚，大家千万要以我为反面教材，否则别人的事故就成了自己的事故。

事故分析

这是一起在更换潜水泵作业过程中，违章作业引发的物体打击事故。当事人想早点完成工作任务，擅自简化作业方式，结果因为没有做好防护措施，当同伴间没能很好地协调作业时，事故就发生了。

1. 直接原因

当事人急于求成，在未等同伴将所有潜水泵都撬落并平稳滚停后即上前运输前面的潜水泵（不安全行为），导致被随后滚落的潜水泵压伤。

2. 间接原因

当事人和班组长安全规则意识淡薄，为图省事，擅自改变作业模式，

105

用"偷懒"的方法试图去完成工作任务，结果导致事故的发生。

作业过程中"能走直道绝不绕道""能省事绝不费事"是大多数一线人员经常有的想法，而且往往会用各种"小聪明"来"对抗"标准化作业，有时看似有道理，但是如果以发生生产安全事故为代价就大大地得不偿失了。

✅ 正确做法

正确的《装卸货作业安全操作规程》应该是这样的：

1. 作业前须对作业人员进行安全教育，告知其安全注意事项及预防措施。

2. 工作前应检查装卸地点及道路情况，清除周围障碍物，保证在安全环境下作业，装卸物件必须用跳板搭桥时，应选用强度高、质量好的跳板，并安置牢固。

3. 作业前应认真检查所用工具是否完好、可靠，不准超负荷使用，如有损坏，必须及时修缮。

4. 装卸工在装卸、搬运作业时，必须有安全防护措施，发现不安全因素，及时处理。

5. 堆放物件不可歪斜，高度要适当，对易滑动件要用木块垫塞，不准将物件堆放在安全通道内。

6. 用机动车装运物件时不得超载、超长、超高、超宽，要有可靠措施和明显标志。

7. 装货作业应按先重后轻、先下后上的原则进行，卸货作业则相反。

未按排障流程作业，左腿截肢

　　我是山东淄博某建筑公司的一名机械操作工。2015年6月8日那天，我和往常一样，在建筑工地开动卷扬机，紧张有序地起吊装卸，拉人载货。就在这时，卷扬机出现了故障，我赶紧关停机器起身查看，原来是卷扬机卷筒里的钢丝绳排列紊乱，出现了交叉叠加异常，掉到了滚筒外面，如果不及时处理，很有可能会将钢丝绳绞断，后果不堪设想。

　　由于操作台离卷扬机还有一段距离，两者之间又堆放了一些杂物，因为没有进行及时清理，刚好挡住了操作者的视线。平时我都是凭借经验小心地进行操作，但机械故障事发突然，慌乱中，我忘了关闭总开关电源和挂上"有人维修　禁止合闸"的标志牌就跑过去处理故障，这个低级错误埋下了可怕的事故隐患。

　　我来到卷扬机旁，顺手拿起一根撬杠，一条腿站在卷筒上，全神贯注地理顺钢丝绳，但是我并不知道一场突如其来的人祸即将从天而降。事后我才得知，我去处理故障的时候，一名工地的管理员向卷扬机操作台方向走来。这位管理员在操作台前没看到人，但远处卷扬机的货物已经装满，好奇心促使他作出了一个错误决定，鬼使神差般按动了卷扬机按钮。

按公司规定，没有特种作业上岗证的人员，是不允许操作机械设备的，而这位管理员不知道是哪根筋搭错了，竟然启动了机器，卷扬机突然旋转，而正在聚精会神处理故障、丝毫没有防备的我，一下子被旋转的卷扬机卷筒带翻，还没等反应过来，我"哎呀"一声便痛得昏厥过去。原来，我的左腿被卷扬机卷筒上的钢丝绳死死地绞住，顿时皮开肉绽，鲜血直流。等我清醒过来时，看到身边有很多人抬着我往车上放。在去医院的路上，我时而昏迷时而清醒，钻心的疼痛让我不时发出痛苦的呻吟，到了医院，由于失血过多，我昏了过去。再次醒来时，已经是术后第二天了。

我的整条左腿都被拧成了麻花，骨头粉碎性骨折，肌肉都碎成了渣子，肌肉神经重度坏死，想要接到一起已经不可能了。为了保住性命，医生只好为我进行膝盖以下的截肢。当时醒来后，我并不知道自己的伤势有多么严重，然而，当我揭开棉被看到短了一截的左腿时，顿时哭成了泪人。

在医院，我泪也哭干了，肠子也悔青了，要是有后悔药，我真想买来吃，可是这一切都于事无补。后来，公司也对此次事故进行了深入分析，主要责任是那个工地管理员无证操作导致，次要责任是我没有断掉电源总开关，也没有挂上"有人维修　禁止合闸"的标志牌，再就是工地现场定置管理不到位，杂物乱堆乱放。而这些，公司在平时的安全培训上都进行过此类事故预防的学习，但我们还是存在麻痹大意的思想，导致了事故的发生。虽然所有的责任人都受到了严厉的处罚，但是事故的发生，将让我承担一辈子的痛苦，也让主要责任人愧疚不已，这是谁也不希望见到的结果。

目前，我在市医院康复中心接受治疗，单位出钱为我安装了假肢，正在逐步进行康复训练。唉！我们一再强调安全，预防为主，防患于未然，可是就是不能引起一些人足够的重视，也由此丢了多少人的性命呀！我是不幸的，可也是万幸的，不管怎么说总算保住了性命，这是血的教训呀，如果大家都能遵章守纪，按章操作，就不会有我的今天。

事故分析 🔍

这是一起因现场管理不到位，员工违章作业造成的起重伤害事故。看似平时的安全培训把该讲的都讲了，却没能"入脑"，到了自己实际操作时就全部抛诸脑后，最终酿成难以弥补的损失。

1. 直接原因

当事人发现卷扬机钢丝绳打卷，去清理前既没有实施规范的停机操作，也没有挂上"有人维修 禁止合闸"的标志牌（属于人的不安全行为）就跑过去处理故障，肇事者没有特种设备操作证却擅自启动作为特种设备的卷扬机，导致起重伤害事故。

2. 间接原因

事故的伤者安全意识淡薄，没能将排障作业的标准养成平时的作业习惯，肇事者无知者无畏，不具备资质却擅自开动特种设备，反映该公司安全教育培训不注重效果，现场管理也不到位。

我们说符合"标准化"条件的班组通常有 6 句话，即岗位有职责、作业有流程、操作有标准、过程有记录、绩效有考核、改进有保障。其中"作业有流程、操作有标准"在本案例中就特别能说明问题。如果我们不能让标准成为习惯，让习惯符合标准，那在作业过程中迟早会发生这样那样的问题，小则受到伤害，重则送命，这本身也是符合安全生产上著名的

"墨菲定律"的。

✅ (正)(确)做法

卷扬机属于特种设备，其部分安全操作规程如下。

1.卷扬机的基座应安装牢固、稳定，设置可靠的地锚，防止受力时移位和倾斜；操作位置必须视野开阔，联系方便；卷扬机距转向滑轮一般不得小于10~15米。

2.作业前必须检查固定情况、防护设施、电气线路接地线、钢丝绳、离合器、制动器、行程限位装置、传动滑轮等，发现故障立即排除；在作业时绝不允许有人跨越卷扬机的钢丝绳。

3.通过滑轮的钢丝绳不得有接头、结节和扭绕，钢丝绳在卷扬筒上必须排列整齐，作业中最少需保留三圈。卷扬机上使用的钢丝绳磨损断丝达到10%时，必须报废更换。

4.操作工接到开机信号时，先回复信号，准备开机，确认"开机"信号后开机。把调速旋钮调到适当位置，并随时掌握台车速度，不得随便加快。

5.开机时精力要集中，注意台车运行情况，若有意外，必须及时停机。停机或不开机时，应把空台车放至坡底，将调速旋钮拨至"零"位，刹车手柄应放在刹车位置。

6.作业中如发现异响，限位器、制动器不灵，轴承等温度剧烈上升等异常情况时，应立即停机检查，及时报修，由维修人员排除故障后方可使用。

7.作业人员不得擅自离开工作岗位，在作业中如发生突然停电，应立即拉开闸刀，并将运送物件放下。提升架下边严禁通行和站人，提升设备严禁载人。

8. 司机离开或下班时，必须切断电源。保养设备必须在停机后进行，严禁在运行中进行维护保养或加油、擦拭。

9. 严禁非本岗位人员操作，实行专人专机制度；卷扬机开动前，必须首先确认其行程范围内无人员或障碍物，方可开动；卷扬机开动时，严禁人员在钢丝绳卷筒前站立和在其行程范围内活动或作业。

10. 卷扬机在检修时，必须挂上"有人维修 禁止合闸"的标志牌。

第三章

职业卫生管理与劳动防护用品使用不当引发的事故

劳动防护用品也称个人防护装备，是指生产经营单位为从业人员配备的，使其在劳动过程中免遭或者减轻事故伤害及职业危害的个人防护装备。它是生产过程中安全与健康的一种防御性装备，也是预防伤亡事故、减少职业危害、保障经济建设与发展的重要措施。劳动防护用品分为一般劳动防护用品和特种劳动防护用品。一般劳动防护用品是指在一般作业环境下使用的防护用品，如工作服、工作帽、工作手套等。特种劳动防护用品是指在特种作业、危险作业等特殊作业环境下使用的劳动防护用品，如危险化学品操作人员佩戴的防毒面具、口罩，高空作业人员佩戴的安全带，电器操作人员穿的绝缘鞋、绝缘靴等。正确使用劳动防护用品，可以保证员工避免生产过程中的直接危害，使员工身体健康及生命安全得到有效的保护。

未戴安全帽，"型男"变"形"

当事者说 >>>>>

"Ye ye ye ye ye……" 2020 年 5 月 6 日上午 8 时，我看着梳着新潮发型的同事庞某某拎着安全帽，跟着音乐节拍，踩着动感的舞步，走进运输队班前会议室，大大咧咧地坐在会议室前排。

"小庞，我和你说过多次了，穿戴规范才能进入班前会议室，特别是你那顶安全帽要戴上，你这个坏毛病怎么就改不过来呢？"主持班前会的队长杜师傅训起他来。

"没事儿，杜队。你没见我今天整了一个新潮发型吗？"庞某某笑嘻嘻地对着杜队长打了一个响指，会议室的工友们全都笑起来，杜队长顿时气红了脸。

庞某某是某煤矿运输队检修班的检修工，外形俊朗的他性格活泼，工作努力，深得工友们喜爱。但庞某某有个不好的习惯，平时，他的安全帽不是在手里拎着，就是在肩上挎着，就是不肯好好地戴在头上，唯恐弄乱了他的发型。

为这事儿，班长没少提醒他，班里的工友们也为他的这种不注意安全的行为感到担心，队里领导还为此严厉批评过他好几次，可是庞某某总是不以为意。

　　每次，他都拿出他那句口头禅来搪塞："我是'90后'的'型男'，不管怎么干，发型不可乱。"好几次队长气歪了鼻子，苦口婆心地给他指出作业现场取下安全帽的危害，但是庞某某依然坚持自己的"歪理"，我行我素。很快，庞某某"型男"的绰号在全队工友中不胫而走，他自己也很得意。就是上班时间，他都不忘在工作服上衣口袋里放把小梳子，有事没事都要取下安全帽把头发梳理一番，把发型打理得油光水滑。

　　6月2日上午，检修班接到了井下机车检修的任务，"型男"和工友们用起重机将机车吊到指定的检修位置。就在大家拿上工具围上来检修的时候，"型男"却把身体靠在机车上，摘下安全帽，又掏出小梳子梳理起发型来。"'型男'，快把你那安全帽戴上，你这样做太危险了。"刘师傅提醒他说。"'型男'，要注意安全哦，我们认得你是'型男'，这里的铁家伙可不认得你是'型男'呢。"陈师傅也好心地再次提醒他。"没事儿，这有啥。等我把发型整好了，再干活也不迟嘛。""型男"若无其事地回答。就在这时，由于起重机没将机车放置在平稳的位置，在大家撬动机车顶盖时，机车位置突然发生了偏移，而正靠在机车上梳妆打扮的"型男"重心不稳，随着机车倒了下去。只听"砰"的一声，"型男"头部重重地碰到地上一块工字钢棱角上，鲜血顺着他的额头流下来。工友们吓傻了，等大家反应过来，赶紧七手八脚地将"型男"抬往医院。这时，原本应该戴在"型男"头上起着保护作用的安全帽，在"型男"滑倒的刹那间，从他手里飞脱出去，在检修车间地板上滴溜溜地打了几个转，委屈地躺在了车间角落里。过了几天，"型男"出院了，悄悄地回到了班组上班，原本有型的头上，秃了一大块，裸露的头皮上添了一道难看的伤疤。不管见到谁，

"型男"都低着头，叫他"型男"也不答应了，连以前清脆的响指声也听不到了。上班时，原来经常被"型男"拎在手里的安全帽，如今老老实实、规规矩矩地戴在他的头上，再也没见他在工作时摘下来过。还有就是大家非常熟悉的那把小梳子，也从"型男"工作服的上衣口袋里消失了。

事故分析

这是一起典型的未按规定佩戴好劳动防护用品导致的工人头部受伤事故。

1. 直接原因

该煤矿运输队检修班的检修工庞某某在作业过程中安全意识淡薄，未将劳动防护用品穿戴齐全。

2. 间接原因

当班班长未能很好地监督、教育员工正确穿戴劳动防护用品，在作业过程中未能对现场进行安全确认。

在安全工作中，虽然思想教育不能立竿见影、一劳永逸，但我们依然需要花费大量心思，付出不懈的努力，开展好安全帮教工作。在帮教中，我们可以结合违规人员不同的心理特征，有的放矢地开展工作，努力让职工在亲情和真诚的帮助中受到启迪，在潜移默化和氛围感染中提升素养，认识到打铁先得自身硬，通过持之以恒的努力，推动全员安全的整体提升。无论是煤矿还是其他不同行业企业的生产，都要切记安全为天，人性化地将安全帮教做到员工的心坎里，让其自觉地时刻绷紧"安全弦"，从而实现"个人平安、家庭幸福、企业和谐"。

✅ **正确做法**

1.《中华人民共和国安全生产法》规定：生产经营单位必须为从业人员提供符合国家标准或者行业标准的劳动防护用品，并监督、教育从业人员按照使用规则佩戴、使用。

2. 加强员工安全教育，增强自我保护意识，劳动防护用品必须规范穿戴。

3. 加强安全监督力度，作业前要严格执行安全确认制，对可能出现的不安全因素要做好安全防护措施。

4. 组织职工学习各项安全操作规程、安全生产确认制、安全生产联保制，车间内部组织安全培训，增强职工的安全意识。

"绝缘鞋"让我幸免于难

📣 **当事者说** >>>>

我叫杨某某，是某钢铁企业下属检修公司的一名电焊工，在1997年的一次井下潮湿区域焊接作业中，我发生了触电事故，但是我很幸运地从死亡线上挣脱，这真是不幸中的万幸，至今想起来还心有余悸。

在那个年代，由于钢铁企业不景气，家里生活比较拮据。在单位工友的引荐下，我来到了河北省张家口市某矿800多米的井下从事管道焊接作业。虽然我从未下过煤矿，但对煤矿井下作业的危险性也有所耳闻。由于该矿井下环境复杂，在开采过程中，曾经发生过瓦斯爆炸、透水和塌方等事故，我感觉下井焊接作业是蛮冒险的事，便提出先下井去看看。在相关人员的带领下，我第一次下了"煤窑"。到井下一看，我大为吃惊，现代化生产的煤矿早已今非昔比，安全设施一应俱全，顿时，我心中有了安全感，决定参与井下焊接作业。

在第一天下井焊接过程中，我有点担心焊接火花导致瓦斯爆炸造成事故，但通过一同下井的煤矿安全协查员"现身说法"的安全教育后，让我对煤矿安全工作的重要性有了深刻了解和认识。每次下井，都要细致地检查自己的防护用品穿戴情况，生怕有遗漏的物件。每次焊接前都要细致查看焊接设备，一次线、二次线与焊钳的绝缘情况，生怕有漏电的隐患。

一天，我在焊接斜巷上面的管路，管路安装是三层结构，第三层管路较高，又无法搭设梯子，怎么上去呢？当时，我没考虑太多，便靠在下面的管路上开始了焊接。由于矿井较潮湿，加上我工作中流了不少汗，我所穿的工作服早已处于半干半湿状态。焊接时，虽然按规范穿戴了防护用品，却没有采取任何防触电安全措施，因此，在更换焊条的瞬间，我的身体像被什么扎了一下，手脚顿时麻木！我"啊"的一声，便跌落在了斜巷上。一同工作的煤矿工友听见了我的叫声，立刻赶了过来，连忙扶起我。经检查，我只是受了些轻微的划伤，并无大碍。

事后，在现场电工的查看下，找出了事故原因：由于我的工作服和内衣已经汗湿，形成了导电体从而导致我触电。这位电工说，多亏你穿了一双合格的绝缘鞋，否则，你的性命难保了！当时，我便吓出了一身的冷汗。此事对我触动很大，从此，我养成了严谨认真的工作态度，尤其是在落实《电焊工安全操作规程》的过程中，我对任何环节的安全防护措施一定要做到严、一定要做到细、一定要考虑周全，不容半点马虎。我也经常"现身说法"教育工友，我就是因为违反了《电焊工安全操作规程》中"换焊条时，不能靠在导电体上"这一条，差点丢掉了性命。

事故分析

这是一起因个人防护意识淡薄、现场危险源辨识不到位引发的触电未遂事故。

1.直接原因

在更换焊条时未采取防触电措施，因工作服和内衣已经汗湿，形成了导电体而导致作业人员触电。

2.间接原因

安全隐患排查不彻底，作业人员靠在管路上焊接，未发现存在的安全隐患。

虽然此事未造成人员伤亡，但事故的影响让当事者一直不敢忘却。在此，还是要告诫大家，工作中安全防护措施必不可少，特别是在工作细节上，不能有丝毫的疏忽，尤其是自己所穿的防护用品，要时刻检查和更换。作为电焊工，在工作过程中，要时刻保持清醒的头脑，必要时，一定要采取切实可行的安全防护措施，不要让发生在当事者身上的"失误"再次发生。

✅ 正确做法

1.工作前应认真检查工具、设备是否完好，焊机的外壳是否可靠接地。

2.工作前应认真检查工作环境，确认为正常方可开始工作，施工前穿戴好劳动防护用品，戴好安全帽，穿好绝缘靴，高空作业要系好安全带，敲焊渣、磨砂轮时戴好平光眼镜。

3.接拆电源线或在电焊机发生故障时，应会同电工一起进行修理，严防触电事故。

4.接地线要牢靠安全，不准将脚手架、钢丝缆绳等作为接地线。不准靠在可能导电的物体上作业。

用铁丝代替卡销，差点让我双眼失明

📢 **当事者 说** »»»»

生命只有一次，没有"下次注意"。安全这根弦真的是时刻都不能放松，小小的违章就有可能带来很大的麻烦，下面就是我的亲身经历。

一天夜班，班前会上代班长安排我到 3 采区胶带巷冲洗巷道。开完班前会，依然是每天的固定程序：排队领灯、打卡、坐车，很快，我们到达了工作地点，正常交接班。当班的巡带工交代我上一班的生产情况，让我注意安全后离开。

然后，我顺着巷道查看，因为洗巷的胶管在水仓附近，于是我就在水仓前摆开胶管准备冲洗巷道。插上水管后我发现静压水管上球阀没有"U"形卡销，按规定必须用专用的"U"形卡销连接。这怎么办呢？我心想，以前经常看到有的职工没有"U"形卡销，用铁丝代替也没事的，我也用铁丝吧！

我看看附近没人，就找了截铁丝插上。我缓慢打开球阀，有水了，没事。就在我把球阀开到最大的一瞬间，"啪"的一声，巨大的水柱冲掉了铁丝，从球阀里喷射出来，直接打到我脸上。我惊呼："啊，我的眼睛……"当时脑子里一片空白，眼前一片漆黑。我挪动着身体避开水柱，用手揉了揉眼睛，过了一会儿，迷糊中有光线，万幸，我的眼睛没事。我慢慢地睁开了眼睛，在看清了周围的状况后，我赶紧把球阀关掉，喷泉般的水流才停了下来。

刚缓过劲儿来，我"哎呀"了一声："不对，我的安全帽呢？"我这才反应过来，头上凉凉的，安全帽不在了，一定是刚才巨大的水柱把帽子给冲掉了。我赶紧在周围寻找。怪了，找遍了四周怎么也不见？不好，会不会掉到运行中的胶带机上了？一定是的。

我随即拉下了身边的急停开关线，一阵刺耳的急停声在大巷里响起。语音通信装置也传来了司机的询问声："后面怎么了，谁拉的急停开关？"我哪敢说我找帽子呢？我心虚地回答："带上有'杂物'，等我取下来，你再开机。"我一路小跑，胶带机以每秒3米的速度，已经走了好远，我寻找着我的帽子。谢天谢地，不一会儿果真看到了安全帽。我顺手取下来，这回戴上帽子后赶紧把帽带系紧了。我又一路小跑，通知司机"杂物"已经处理完毕，随后司机按照正常程序重新启动了胶带机。

尽管此次事故没有造成人身伤害，但是教训非常深刻。一是我不该用铁丝代替"U"形卡销；二是我没有把安全帽的帽绳系紧。总之是自己安全意识淡薄，完全把安全规程抛到脑后。

生命只有一次，没有"下次注意"！事情已经过去好几天了，但是现在想起来还是历历在目，让人心有余悸。我的心情一直都没有平静，如果当时静压管里有2兆帕的压强，如果直接打到我的眼睛，我肯定会双目失明，我将每日与黑夜做伴，再也看不到蔚蓝的天空，再也看不到孩子那天真的笑容，再也看不到妻子那明眸皓齿……真是不敢想象。

因此，安全对一个家庭来说就是最大的幸福，对一个企业来说也和效益息息相关。为了家庭和企业，我发誓要绷紧安全这根弦，时刻把"安全"放心间，落实到行动中。

事故分析 🔍

这是一起典型的不按规定使用正确的工器具引发的伤害未遂事故。

1. 直接原因

事故当班员工图省事，用铁丝代替"U"形卡销。

2. 间接原因

事故当班员工有"三惯三乎"的思想，以前也是这样干的，没出过事故，犯了经验主义错误。

✅ 正确做法

井下使用胶管的正确做法：

1. 使用前要认真检查管路及其连接附件是否完好无损、连接固定是否牢靠，接头处要使用双腿"U"形卡销，不可单腿使用，安装完成后要检查有无跑、冒、滴、漏等现象。

2. 压力胶管供压前，确认所有连接处均已连接牢固，然后再缓慢打开压力源阀门；使用结束后关闭压力源阀门并释放压力。

3. 使用压力胶管时尽量避免胶管严重扭转、挤压变形、外部损伤，使用前一定要仔细检查压力胶管的磨损情况、有无扭结与挤压，防止压力胶管破裂、扭转危及安全。

4. 压力胶管在移动或静止中，均不能过度弯曲或在根部弯曲；移动到极端位置时不得拉得太紧，保持适当松弛。

5. 操作敞口压力胶管时，操作人员要将压力胶管敞口端把牢，以防因产生较大的后坐力而把持不住或者回溅流体与异物而伤人。

6. 严禁将带压或有残压的压力胶管射流口对向自己或他人，否则按一般"三违"考核。

7. 压力胶管出现鼓包必须立即降压使用或停止使用，否则按 A 类一般隐患考核。

8. 在操作使用高压水射流设施时，要戴好防护眼镜，穿好防护服；不得附加或去除喷洒棒和胶管上的配件；不使用时安全开关要处于闭锁状态，防止意外发生。

9. 在使用球阀时（除因球阀安装位置、巷道空间限制等因素无法正常使用球阀开启扳手外），必须使用球阀开启扳手，严禁使用扳手、钢管、钳子等物件敲打球阀上的操作手柄来开启球阀，否则按一般"三违"考核。

图省事不系安全带，摔断右侧股骨头

📢 **当事者说** ﹥﹥﹥

　　我叫阮某某，今年56岁，参加工作39年来，从事过综采电工、水泵司机、机械检修工等工作。本来按照有关规定，我去年（本文写于2019年，这里指2018年）7月就可以退休，可谁知在去年年初的一次高处作业时，因未挂安全带从高处跌落，造成右侧股骨头骨折。这一次违章作业给我的身心带来巨大伤痛，本该退休的我，因受伤后申报工伤手续周期较长，今年年初才报上，至今还没批下来，需等工伤批下来才能办理退休，对此，我真后悔不已。

　　2018年1月5日，在机械检修班班前会上，班长张某某安排我和班员宋某某为北二辅运巷悬挂管路标志牌，并向我们详细交代了工作的注意事项。

　　北二辅运巷全长4000米，巷道内每隔100米需悬挂一个管路标志牌，巷道顶部有3条管路。虽然悬挂管路标志牌工作简单，但工序烦琐，要先上梯子挂安全带，接着悬挂管路标志牌，最后打开安全带下梯子，每个动作要重复120次才能完成全部工作，还要在巷道内行走4千米。

　　接受任务后，我和宋师傅拿着作业工具和标志牌进入巷道开始工作，宋师傅负责扶稳梯子并观察有无车辆来往，我上梯子挂管路标志牌，我们配合默契，工作紧张而有序。但眼瞅着工作了两个小时才悬挂了 30 个管路标志牌，我担心不能按时完成工作任务，心想：省去挂安全带的工序能更快些，再说作业高度才 3.5 米，掉下去也不会发生什么事。于是，在第 31 个标志牌处，我爬上梯子后没去挂安全带，而是直接悬挂管路标志牌，然后迅速下梯子到下一处悬挂地点，工作速度确实快了许多。

我一连挂了几个，正为自己的"小聪明"暗喜，突然，前来巡视工作质量的张班长冲着梯子上的我大声呵斥道："停下，赶快停下！"

"张班长，我正干活呢，你咋让我停下，活干不完扣分了你给我补偿？"对班长不打招呼就大声呵斥人，我感到很恼火，便不耐烦地问道。

"你怎么不挂安全带？我班前会是怎么安排的？"张班长毫不客气地反问道。

"班长，今天的活儿太麻烦……好好，我这就挂……"我一看班长真生气了，便一边应付班长一边去挂安全带。

这时，正好其他班员有事儿来找班长去处理，他看我挂上了安全带，便转身离开了。

我看班长走了，又心存侥幸地按照自己的想法，省去挂安全带的工序，一口气又连挂了 15 个标志牌。这时，我们来到地面上有少量积水的地方，我的胶靴底是湿的，但这丝毫没引起我的注意。当我伸腰再挂第 16 个标志牌时，突然脚底一滑，身体向右侧倒去，"砰"的一声跌落在地，右腿髋关节处顿时疼痛难忍，无法站立。宋师傅被突然从梯子上跌落的我吓了一大跳，赶紧过来询问情况，同时向班长进行了汇报。随后，我被迅速送到医院。

经过一系列检查，医生诊断我的右侧股骨头骨折，必须手术治疗。我躺在病床上，眼里流出了悔恨的泪水，后悔自己不该心存侥幸、不该违章作业、不该不听班长告诫……但一切为时已晚。

股骨头置换手术还算成功，经过一段时间恢复，我又重新站立起来，但右腿灵活度不如以前，阴天下雨还会出现腿疼症状，髋关节不能负重，干不了重活。目前，我无法办理退休，只好干起了材料员的工作。

事情虽然已经过去1年半了，但每次想起摔伤时那痛苦的滋味，我仍心有余悸，懊悔不已。所以，我把自己受伤的经历讲出来，警醒和我一样心存侥幸、忽视安全规程的工友：一旦违章，轻则伤人，重则丧命，切不可贪图省事，请工友们谨记三思，别再重复我的错误。

事故分析🔍

这是一起典型的登高不佩戴安全带导致的高处坠落伤害事故。

1. 直接原因

伤者阮某某没有听从管理人员指挥，登高没有系安全带，做到"高挂低用"，在梯子上因鞋底沾水打滑，导致不慎从梯子上坠落。

2. 间接原因

（1）安全教育不到位，作业人员安全意识淡薄，未挂安全带时，缺乏其他保护措施。

（2）当班班员宋师傅对阮某某的违章行为没有及时制止，员工的自保、互保、联保意识差。

惰性，人之天性。怕麻烦、图省事，人皆有之。而安全工作本身就是一项长期的、烦琐的工作，需要从事安全工作的人不厌其烦，不图省事。

有人认为一些规章、程序是多余的。其实安全工作中的每一条规定、每一项制度、每一个流程都是长期工作经验的总结，有着血和泪的教训。怕麻烦、图省事，工作中就会想办法抄近路，能省就省，心存侥幸。或许你的一次、两次操作并没有对安全构成危害，但是，久而久之，习惯成自然，不规范的操作就会带来极大的隐患，一旦外部因素触发，就会造成事故。

✅ 正确做法

1. 单位要对员工加强安全第一的思想教育，提高员工安全意识，让员工严格执行有关规程，作业前要认真分析危险点和事故预想，制定安全措施。

2. 员工进行高空作业时必须系好五点式双挂钩安全带。

3. 各单位要全面加强安全技术培训，现场作业人员必须熟练掌握作业流程，严禁违章指挥、违章作业，切实提升员工安全操作技术水平和自保、互保、联保意识。

4. 各单位要全面提高调度会和班前会质量，安排工作任务时，要将安全责任细化分解到每位员工。班前会上必须对当班生产作业任务进行全面危险源辨识及风险评估，并制定相应的安全技术措施。现场作业人员发现当班任务无法正常完成时，必须上报，由班组长进行现场任务再分解，并进行危险源再辨识和风险再评估，采取针对性预控措施后，方可作业。切不可抢时间、图省事。

不系安全帽带，脑袋留疤

当事者 说 >>>>>

　　我是某煤业有限公司矿机电队机修班的一名电焊工。每天上班前告别母亲，她的目光总会不自觉地瞟向我头上那块疤，再三叮嘱我："干活时一定要戴上安全帽，并且把帽带系好系牢。"每次听到母亲的这番话，我就会想起8年前的那次事故。

　　2013年3月的一天，刚上班，我们班组就接到了维修行车的任务，老师傅辛某某带着我和高某某拿着工具去维修，路上碰到机电队副队长郭师傅。他看到我们手里拿着安全帽，就提醒道："一定要把安全帽戴好，注意安全。"高某某听后规矩地把帽带按要求系好，而我和辛某某却只把安全帽扣在头上，相视一笑，心照不宣地应付了事，辛某某还俏皮地白了郭队长一眼，拖着腔调说："知道啦！"

　　上午9时许，我们到达作业现场，经验丰富的辛某某利索地爬上龙门架，仔细排查故障点，告诉我们："故障原因是钢丝绳跳出了卷筒，不在轮槽内，只要将钢丝绳复位就好。高某某也上来维修，小秦在下面看守，暂时不能让其他职工通过，需要时配合一下。"辛某某说着，向高某某摆了一下手，拿着扳手和小撬杠等工具上到8米高的行车龙门架上进行维修。

"辛师傅，我忘记带工具保险绳了。"辛某某刚把安全带系在腰间，坐稳，高某某一脸愧疚地说，"我去工作房拿吧。"

"工作房远，打个来回要半个小时。我们小心点，一会儿就好了。"辛某某用不容置疑的语气说。

"这行吗？"高某某迟疑地问。

"你咋这么多事！来，看我咋弄的。"辛某某不高兴了，拿着扳手开始操作。高某某听了，只好配合他，小心地把导绳器取掉，再用撬杠把钢丝绳重新盘好。突然，一阵风吹来，正用扳手紧固导绳器螺丝的辛某某的安全帽带被风掀起，他下意识地用右手去扶没有系好带子的安全帽，却不料手一松，手中的扳手直往下掉落，他本能地向我喊道："快躲开，扳手！"

"哐当"一声，还没明白怎么回事，我的安全帽帽舌就被扳手砸中，翻在地上。我本能地后退时，不慎跌倒，头部仿佛碰到了什么，两眼一黑……

几秒钟后，我强忍疼痛侧身坐起，一摸头部右侧，流血了，这才明白，我的头撞到一根道木的端头上。辛某某和高某某看到我倒地，急忙爬下来，搀扶着我向矿区卫生医疗服务站奔去。

这次意外事故造成我右侧头部留下两厘米长的疤痕，而且，让我后怕的是，医生对我说，幸亏不是后脑勺，不然后果不堪设想。

"都是我没有系好安全帽带惹的祸。"在区队事故责任追究会上，辛某某自责不已地说。区队相关领导、班长和高某某也都作了深刻检讨，受到了经济处罚。我心里五味杂陈，检讨说："我也有错，如果我能戴好安全帽，系好下颌带，事故就不会发生了。"

此后，每当看到职工戴安全帽不正确系下颌带，我都把这个事故当成一个教训告诉他们，一定要按标准作业，杜绝习惯性违章，并做好安全防范措施，才能做到"四不伤害"。

事故分析 🔍

这是一起典型的违反劳动防护用品使用规定导致的人身伤害事故。

1. 直接原因

（1）现场施工组织不力，员工到达工作地点才发现忘记带工具保险绳，并且辛某某在没有工具保护绳的情况下违章蛮干，现场存在高空落物隐患。

（2）矿机电队机修班员工劳动防护用品佩戴不规范，不系安全帽带。

2. 间接原因

（1）矿机电队机修班员工对施工环境危险源识别不到位，对现场安全不重视，员工习惯性违章。

（2）受害者安全意识淡薄，对周边危险源识别不清，在施工正下方进行看护，站位不当，站在坠落伤害的影响范围内，自保意识差。

无论安全培训课上强调多少次，无论安全员开多少次罚单，在很多作业人员眼里，穿戴劳动防护用品依然碍事，无法真正认识到其对于自身安全的防护作用！只有在安全事故发生后，自身受到巨大伤害时才会后悔莫及。

✅ **正确做法**

1. 必须认真贯彻有关安全规程，克服麻痹思想，牢固树立不伤害他人和自我保护的安全意识。

2. 高空作业时，禁止投掷物料。

3. 在施工前，应对当班使用的工器具进行盘点。

4. 作业人员现场施工时要认真佩戴劳动防护用品，安全帽要系好帽带。

5. 企业要加强对作业人员的教育，提高其安全技能水平。

图省事不更换手套，被热油烫伤

当事者说 »»»»

说起劳保手套，大家应该都非常熟悉，因为工作中经常会用上。而对于我来说，每次使用手套时，都会让我想起一段难忘的往事。

1997年，我在某矿山机械厂从事电机维修工作。春节过后的第二天是工作日，班长陈师傅安排我和班员汤师傅更换100千瓦电动机轴承。由于100千瓦电动机的轴承只能用机油加热法更换，于是我们开始对机油进行加热。

当年的我23岁，和许多年轻人一样，有着蓬勃昂扬的工作激情，同样，也有着干事不稳重的缺点。

"小刘，油加热了，我们把它抬到电机边去。""好的，我戴双手套。"为了图省事，我就顺手捡起工具台上一双布满油污的手套戴上了。

"小刘，不能戴有油的手套操作，去拿双新的来。"汤师傅提醒我。"没事的，我注意点就是了。"我满不在乎地回答。

于是，汤师傅在左我在右，抬起了油盆，向电机走去。我一边走一边还习惯性地哼起了歌。刚走出不远，我的手突然间从油手套中滑出，刹那间，我这侧的油盘重重地摔在了地上，滚烫的机油倾盆而出，如潮水般击打在我的右脚上，同时，一股滚烫的油气冲向我的额头，一阵钻心的疼痛向我袭来……

经某煤电公司总医院诊断，我的右脚脚背二度烫伤，额头一度烫伤。虽然经过一个多月的治疗修养，身体得到了康复，但我的脚上留下了永久的疤痕。

虽然已经过去了 20 多年，但是每当想起这件往事，我都心有余悸，懊悔不已。所以，我把自己受伤的经历讲出来，警醒和我一样麻痹大意、忽视安全规程的工友：工作中一定要严格按规程作业，一旦违章，轻则伤人，重则丧命，切不可贪图省事，请工友们谨记三思。

事故分析 🔍

这是一起典型的不按规定穿戴劳保防护用品导致的手套滑落、热油倾倒烫伤事故。

1. 直接原因

该矿山机械厂刘某和工友在移动已加热的机油时，刘某违规佩戴有油的手套进行操作。

2. 间接原因

（1）该矿山机械厂对职工遵章守纪的教育不够，对职工违章现象检查、督促、纠正不力。

（2）工友对刘某违章作业，不正确佩戴劳动防护用品的行为没有起到制止作用。

劳动防护用品是由生产经营单位为从业人员配备的，使其在劳动过程中免遭或减轻事故伤害及职业危害的个人防护装备。正确使用劳动防护用

135

品，是保障作业人员人身安全与健康的重要措施，也是保障生产经营单位安全生产的基础。生产经营单位应当教育作业人员按照使用规则佩戴、使用符合国家标准或者行业标准的劳动防护用品。事故中的刘某用自己的亲身经历告诉我们，正确穿戴劳动防护用品对于作业人员来说是多么的重要！

✅ 正确做法

劳动防护用品的穿戴一般要经过仔细检查、整齐穿戴、认真整理等环节。

防护手套正确穿戴注意事项：

1. 防护手套的品种很多，根据防护功能来选用。首先应明确防护对象，然后再仔细选用。如耐酸（碱）手套，有耐强酸（碱）的、有耐低浓度酸（碱）的，而耐低浓度酸（碱）的手套不能用于替代耐高浓度酸（碱）的手套。

2. 使用防水、耐酸（碱）手套前应仔细检查，观察表面是否有破损，简易办法是向手套内吹口气，用手捏紧手套口，观察是否漏气，漏气则不能使用。

3. 绝缘手套应定期检验绝缘性能，不符合规定的不能使用。

4. 橡胶、塑料等类的防护手套用后冲洗干净、晾干，保存时避免高温，并在制品上撒上滑石粉以防粘连。

5. 操作旋转设备时禁止戴手套作业。

戴手套打大锤留下的"烙印"

当事者说 >>>>>

有一天，我不经意间发现邻近作业区的几个小伙子竟戴着手套打大锤，这太危险了！我赶忙过去制止。小伙子们却不以为意，不肯摘下厚厚的手套。直到我撸起袖子，指着手腕处的伤疤，说出它的来历以后，他们才一边认错，一边摘掉手套。

那是 20 年前的事儿了。那天大修厂 60 吨龙门吊作业时突然出现无法行走的故障。根据操作工的描述，我判断是行走轮内的轴承破损引发的故障。我和同事大刘立即赶往施工现场抢修。在现场，果然发现行走轮已经偏斜，附近还散落着轴承破损后挤出来的滚珠等零配件。这个问题只要拆下行走轮，把轴承换掉就可以解决了，难度不大。不过，拆掉行走轮可是个力气活，首先得把行走轮的"穿心轴"拔出来才行，但是拔出这个碗口粗、近两米长的轴，只能用 24 磅①大铁锤把它"打"出来，体力消耗很大。于是大刘和我两人一人手扶"过锐"，一人打大锤子，轮番上阵。然而，大修厂的《安全操作规程》明文规定，使用大锤时严禁戴手套。刚开

---

① 　1 磅约为 0.45 千克。

137

始时，我俩都主动摘掉手套，用干净的抹布擦锤把，防止手汗或油污"打滑"，避免大锤"失控"而酿成安全事故。但是在锤打过程中，由于销轴出现锈蚀，致使"拔"出长轴的难度翻了数倍。当我使出全身力气挥舞大锤时，手被震得生疼，于是偷偷地戴着手套直接上阵了。当销轴被拔出2/3时，大刘看到我累坏了，让我歇歇，他顾不上摘掉手套，便来打锤。他接过大锤，甩开膀子，挥舞起来。大约过了5分钟，他那厚厚的手套，在光滑的锤把上"打滑"了。他大喊一声"不好"，但是为时已晚，大锤瞬间便砸打在我的手腕上。当时我眼前一黑就什么也不知道了。附近作业的同事闻讯后连忙赶来，把我送到医院。在医院，我的手腕处因外伤缝了6针，桡骨骨裂。医生还说我运气好，偏了一点，要不然的话最轻也是粉碎性骨折。

多少年来，手腕处的"烙印"时刻提醒我，安全作业必须遵章守纪，因为一条条安全规定都是用鲜血得来的教训。

听完我的讲述后，小伙子们露出了惊讶的表情，他们没想到一副手套本来是保护双手的，却会成为安全事故的"凶手"。随后，我拿出一块干净的抹布，一边擦锤把一边给他们介绍多年来我使用大锤的经验和技巧。

事故分析 🔍

这是一起作业过程中因违章而发生的物体打击事故。

1. 直接原因

作业人员明知相关的安全操作规程上有使用24磅大铁锤在实施锤打作业时不能佩戴手套的规定，但为了"防震护疼"，仍然佩戴手套实施作业，结果在作业时因为"打滑"导致被大锤砸伤手腕，违反规定。

2.间接原因

作业人员安全意识淡薄，对有关安全操作规程缺乏敬畏之心，思想上存在侥幸心理，以为轻微违章不至于"出事"，导致"小闪失"造成"大伤害"。

从这起事故可以看出，再简单的作业，只要是违反规定，都会埋下事故的隐患。事故责任人刘某为加快作业进度，违规戴手套抡大锤，自信地认为手部的力量足以握紧锤把不打滑，忽视了长时间作业手部的疲劳程度、锤把的光滑度和摩擦系数等因素，从而导致了事故。

✓ 正确做法

为确保使用 24 磅大铁锤安全作业，要按照大锤作业的《安全操作规程》实施作业。

1.作业前，仔细检查所用工具，如大小锤、平锤、冲子承受锤击的顶部有无毛刺及伤痕，锤把是否有裂纹痕迹，安装是否结实。凡承受锤击之顶部严禁淬火。

2.进行铲、剁、铆等作业时，严禁对着人操作，并应戴防护眼镜和防护耳塞。

3.使用大锤严禁戴手套操作，作业中应该注意锤头甩落范围，对面不准站人，以免抡锤时造成危险。

忽视保护，耳朵"聋"了

当事者说 >>>>>

一天早上，我在安全巡查时发现，发动机试车作业小组又没安装消音器。轰鸣的发动机运转声，淹没了我的脚步声，直到我走到作业区他们才发现，大家不约而同地把挂在脖子后的护耳器"归位"。

见到此情此景，我立即上前，指了指躺在角落里的发动机消音器，打手势示意他们关闭发动机，停止作业。经过一番交涉，试车室顿时安静了下来！这是我这周第 3 次发现试车作业小组不装消音器，护耳器成了摆设。

我正准备纠正他们，没想到我还没开口，他们却开始低声嘀咕起来："这有什么啊？又不是进施工现场，不戴安全帽可能会头破血流！""就是的，装消音器多麻烦啊，护耳器太厚，都能捂出痱子了！""噪声确实大了一些，忍一忍就挺过去了！"

看到他们的不满，我取下安全帽，从耳朵里取出助听器耳塞，又从口袋掏出火柴盒大小的助听器。小伙子们见此大吃一惊，原来他们以为我是音乐"发烧友"才与耳塞形影不离的，没想到是因为我听力有问题。我指着发动机说："它就是罪魁祸首！"他们摇头表示怀疑，觉得发动机试车竟能造成听力障碍，太不可思议了。望着不以为意的他们，我只好自揭"伤疤"，道出陈年旧事。

我指着一位刚进班组的学员说，我进班组时年龄和他差不多，也是耳聪目明，经过师傅的传授，加上自己的刻苦钻研，20岁出头的我，练成"听声音诊断故障"的绝活，能从机器轰鸣声中，捕捉细微的变化，判断故障点，一听一个准。

同事们羡慕我的本事，我自己也感到自豪，钻研专业技术的劲头就更足了。但在我从业的第15个年头，这个绝活让我渐渐感到力不从心，耳朵慢慢地听不清了！到医院检查才知道，是因为长期在充满噪声的环境中工作，使得听力受到严重损害，造成"噪声性耳聋"，且无法医治，造成了永久性的损伤。后来，我只好配了助听器，"耳聋"现象虽稍有缓解，但没过多久，我的听力再次下降，只好重新更换助听器。

我们那个时候条件差，发动机试车没有消音设备，也没见过护耳器是啥样子的。不过其他同事都有较强的自我保护意识，自己发明了不少"土办法"，比如试车时用棉花球塞耳孔，嚼口香糖，减少高分贝噪声对耳膜的压力。而我却嫌麻烦，嫌干活时碍事，就凭着年轻身体好，没把这些预防工作当回事。时间久了，就落下这个毛病！我指着自己的耳朵，长长地叹了口气："世上没有后悔药啊！"

说着说着，我的眼睛不禁湿润了，我担心自己"失态"，转身准备离开，就在这时，我看见这些小伙子悄悄地将护耳器系好、扣好，接着便不约而同地走向墙角处，抬起消音器……看到此情此景，我复杂的心情才慢慢平复。在此，我奉劝那些违章作业的工友们，对任何细小的职业危害都别抱侥幸心理，只有认真地按照规章制度去执行，才能保证身心健康不受侵害。

事故分析 🔍

这是一个在日常工作中因作业人员缺乏对职业病危害知识的了解和重视，不使用劳动防护用品而导致噪声性耳聋职业病的典型案例。

1. 直接原因

因作业环境的噪声指标长期严重超标，而当事人却无视噪声环境可能对听力产生的损害，职业防护意识淡薄，高强度的噪声经听骨链或蜗窗传导后，可引起强烈的内、外淋巴液流动，对内耳听觉感受器造成不同程度的机械性损伤，加重或继发引起血管性和代谢性的病变。

2. 间接原因

当事人所在单位不重视职业卫生管理，在噪声指标明显超标的作业现场既没有设立警示标志，对身处噪声作业环境中的员工也没有配发必要的防护设施，长期对员工缺乏职业病危害方面的教育培训，使企业发生职业病危害成为必然。

当下，在我国越来越重视人的生命安全和健康的形势下，生产制造企业的职业卫生管理现状却往往不尽如人意，主要表现在企业对员工开展职业卫生培训的意识比较淡薄，对涉及职业病危害因素的作业场所开展定期检测不足，为接触职业病危害因素的员工配备劳动防护用品不够，等等。这些应当通过加大执法力度来帮助企业增强意识。

✅ **正确做法**

噪声性耳聋是我国 2017 年更新发布的《职业病目录》中第四大类——职业性耳鼻喉空腔疾病中的一种职业病。

噪声性耳聋治疗效果不佳，预防显得尤为重要，预防的重要性远远大于治疗，它的预防是系统工程，包括一系列控制措施。

1. 制定噪声暴露的安全限值标准。目前我国和世界上大多数国家制定的工业企业造成暴露安全限值是 85 分贝等效连续 A 计权声压级。规定在 85 分贝的噪声环境下，每天工作 8 小时，每周工作 40 小时，每年工作 50 周，工作时间 40 年，大概有 90% 的人员语言频率的平均听力损失不会超过 25 分贝，也就是基本上不会受影响。85 分贝是限值，如果超过了 85 分贝，长期在这种噪声条件下工作就有可能影响听力。噪声强度每增加 3 分贝要求每天的工作时间减少一半，比如在 85 分贝的环境下，每天可以工作 8 小时，而 88 分贝的环境，每天工作 4 小时才是安全值，这是一个标准。

2. 工程控制。工程控制包括控制或者消除噪声源，利用吸声、隔声和消声等技术控制噪声传播。

3. 最重要、最简单、最广泛的预防方式就是个人听力保护，工作时接触噪声要佩戴耳塞、耳罩或者防声的头盔等护耳器，合理安排劳动和休息，减少劳动者噪声接触的时间。

4. 因为职业性噪声聋的隐蔽性，按照原国家安监总局第 49 号令——《用人单位职业健康监护监督管理办法》的规定，定期对作业人员进行听力检查，对企业而言也是必须做到的。

"高温作业"防护工作不到位，差点丢了性命

📢**当事者说**》》》

今年夏天的一个早上，我们班组突击检查防中暑措施执行情况。我发现几个学员的水壶是空的，也没有随身携带人丹、十滴水等防中暑药品。安全员责令他们立即回班组补充"弹药"，而他们却不以为意，还嘀咕这是小题大做、多此一举。这一幕让我想起了20年前那件差点让我丢了性命的事儿。

那年夏天，我刚进班组就赶上安装筒壁吊，安装过程体力消耗很大，比我们腰还要粗的销轴多达上百个，装配时需要甩开膀子抡起大铁锤"打进去"，再加上烈日炎炎，施工现场没有树木遮阳，没几天大家就晒成了"黑人"。由于安装技术含量高，能学到不少东西，我觉得累一点也值。

不过，最让我无法忍受的是班组给我们每个人发了个军用水壶，每天进施工现场不仅要背着灌满水的它，还要带上人丹、十滴水。安装时因为要爬上爬下，背个水壶简直就是个累赘，增加重量不说，还特别碍事，干活非常不灵便。还有更让我忍受不了的是人丹、十滴水的那个味儿，闻到我就要吐。班组规定，作业前必须口服两包人丹，喝两支十滴水，大家都嫌那味道"太冲"，不愿意喝。安全员便监督每个人都当着他的面喝下去，

否则，打道回府，不准进入安装区域。没办法，我只好捏着鼻子，硬着头皮喝了，一喝下去胃立马就翻江倒海，要过一个多小时才平静下来。

就这样过了一个星期左右，大伙儿似乎习惯了人丹、十滴水的味道，作业前都自觉地喝下去，安全员也不再督促了。这时我灵机一动，计上心头，想出了对策：就是水壶灌水时，有意不灌满，装大半壶。喝人丹、十滴水时"打折"，拿出两包人丹、两支十滴水，只喝下一半的量，剩下的攥在手里，悄悄放回衣兜里。过了两三天，我的小秘密没被人发现，于是我就再"减量"，水壶灌一半，防中暑的药味道太"冲"，我故意当着众人的面撕开包装，装模作样倒进嘴里，却不咽下去，转过身，趁没人注意的时候吐掉。又过了几天，风平浪静，没人察觉我的"异常"，于是我胆子就更大了，再次减量，直到背着空空如也的水壶进施工现场，把人丹、十滴水藏在衣帽柜的拐角处，不带进施工现场。

就在我为自己的小聪明得意扬扬的时候，意外突然降临了。那天高温，达 35 摄氏度，我和另外两个老师傅进入底仓内安装连接螺栓。底仓是十字形，狭窄阴暗，每端分别有两只脸盆大小的圆孔，是进入口，也是通风口。外面烈日暴晒，底仓内像桑拿房，不一会儿，我们便大汗淋漓，工作服被汗水浸透。他俩不时拧开水壶盖，喝几口水。看着他们大口喝水，我就更渴了。但我怕他们发现我的秘密，就抱着空水壶"演戏"。就在我们安装好最后 1 颗螺栓，收拾工具准备收工时，我眼前一黑，倒在地上。

等我醒来时，医生说："你小子命大，抢救及时，要是晚一会儿，你就'牺牲'了！"班组的同事们见我醒来，一边喜出望外，一边责怪我："看你以后还敢不敢耍小聪明了！"几个小伙子听完我的故事后，拎着军用水壶，撒开脚丫奔向茶水间……

事故分析 🔍

这是一起典型的因高温作业防护工作不到位而引发的中暑职业伤害未遂事故。

1. 直接原因

当事人未做足露天高温作业前的防护准备工作，又长时间置身于狭小空间内连续作业，使得体内积聚了大量的热量且无法有效排出，从而引发了中暑。

2. 间接原因

当事人未接受过职业卫生培训，对露天高温作业下的必要防护措施缺少认知，还通过要"小聪明"，规避本来是起防护作用的防护措施，结果却因"无知"而导致发生事故。

在作业过程中要"小聪明"是经常发生在年轻的新员工身上的违章行为，造成这种现象的原因：一方面，在于所在企业对新员工的安全培训效果不佳，未让他们产生对安全生产的敬畏感；另一方面，说明企业在执行劳动纪律的检查方面常常有"漏洞"可钻，这些都属于管理上的缺陷和隐患。

✅ **正确**做法

中暑是我国 2017 年更新发布的《职业病目录》第六大类——物理因素所致职业病中的一种。中暑可引起患者神经功能和重要脏器损伤，甚至导致死亡；有些患者可遗留神经系统功能紊乱；严重肌肉损伤者可出现数月的中度肌无力。企业预防职业中暑的方法如下。

1. 用人单位主要负责人和有关管理人员要认真学习贯彻国家有关法律

法规和《防暑降温措施管理办法》各项规定，明确本单位应履行的责任和义务，制定防暑降温责任制，将防暑降温责任落实到车间、班组和劳动者。

2. 广泛开展防暑降温宣传教育，让每一位劳动者了解高温危害、后果及防护方法。对高温作业岗位劳动者，要进行一次专题培训，开展防暑降温典型案例警示教育活动，切实提高劳动者的自我防范意识和自救互救能力。

3. 加大防暑降温经费投入，改善作业条件，特别是要在相对固定的高温作业场所配备必要的通风或降温设备，为高温作业劳动者提供足够的、符合要求的个体防护用品和防暑降温所需的清凉饮料及药品。

4. 合理安排和调整作业时间。要按照《防暑降温措施管理办法》规定，结合作业特点和具体条件，合理安排调整劳动者高温天气工作时间。日最高气温达到40℃以上的，应停止室外露天作业（因人身财产安全和公众利益需要紧急处理的除外）；日最高气温达到35℃以上、40℃以下的，应按规定减少高温时段室外作业，适当增加高温作业劳动者的休息时间，严禁延长高温作业时间和违规加班加点，最大限度地减少劳动者高温中暑事件的发生。

5. 组织高温作业劳动者进行职业健康检查，对患有心肺脑血管性疾病、肺结核、中枢神经系统疾病及其他身体状况不适合高温作业环境的劳动者，应当及时调整作业岗位。

6. 制定高温中暑应急预案并组织演练，根据从事高温作业和高温天气作业的劳动者数量及作业条件等情况，配备应急救援人员和足量的急救药品。

7. 依照有关规定向劳动者发放高温津贴。

违规戴手套使用砂轮机反而伤了手

📢 当事者说 》》》》

我叫张某某，现在是河北某集团检修公司的一名维修钳工。2014年9月12日这天，正赶上我们厂型材线要换品种进行检修。在检修前，组长张师傅组织召开班前会，要求大家在检修过程中，落实好区域"摘挂牌"制度，相互做好"动态联保制度"。

开完班前会后，组长张师傅安排我和班长张某某处理1号、2号码垛机液压系统漏油，并更换1号码垛机大臂液压缸销轴。我和张某某处理完机器漏油后，一同到1号码垛机上钢大臂液压缸前，顺利地将损坏的销轴拆了下来。

在安装新销轴时，由于环境较狭窄，我们费了九牛二虎之力，怎么也穿不上新销轴。找来尺子测量，发现销轴过大。我便拿起销轴前往型材线轧辊间，准备用砂轮把销轴磨小。临走时，张某某一再提醒我要注意安全。

当我来到型材线轧辊间砂轮机旁时，正赶上车工组组长徐师傅在磨削刀头，我便在一旁等候。看着他光着手拿刀具，我戏谑道："你就不怕烫手吗？"徐师傅回答："这样才安全。"对他的话我也没当回事儿。

徐师傅磨完后，我便来到砂轮旁。在磨削前，我将手套放在一旁，光着手磨削。过了一会儿，销轴发出的热量传到我手上，有点烫手。我便下意识地拿起旁边的手套戴在双手上，然后又抓住烫手的销轴磨了起来。当时，我只想着尽快把销轴磨好，早点完成工作任务，脑子里早把工友们的告诫和提醒忘到九霄云外去了。

我在磨销轴的时候，没注意到手套离砂轮越来越近，直到感觉右手手指发烫时，我才下意识地将手往外撤，但为时已晚！我的右手连同手套一下子被卷进高速旋转的砂轮机，我脑袋一蒙，拼命将手往回抽。我"啊"了一声，用左手紧紧地握住右手，鲜血顺着指缝间流了出来，附近的工友们闻声急忙赶过来。这时的我才感觉到右手传来一阵钻心的痛。

在工友们的帮助下，我被及时送到医院。虽然经过植皮手术，我受伤的手指总算是保住了，但手指肚却留下了永久的疤痕。

事故分析 🔍

这是一起典型的因违章戴手套使用砂轮机引发的一般性生产安全事故。

1. 直接原因

作业人员张某某在思想上存在麻痹大意和侥幸心理，对工友们的安全提醒置若罔闻，安全制度和安全措施执行不到位，未严格执行《砂轮机安全技术操作规程》中关于"使用砂轮机磨削工件时，必须戴防护眼镜，不准戴手套"的规定，符合《企业职工伤亡事故分类标准》中操纵带有旋转零部件的设备时戴手套，属于人的不安全行为的条款。

2. 间接原因

（1）所在班组安全措施的安排和落实不到位。班长在临时新增磨削任务时，仅提醒注意安全，但未进一步对作业人员讲明在使用砂轮机时具体应该如何做，安全措施不明确。符合《企业职工伤亡事故调查分析规则》中对现场工作缺乏检查或指导错误的条款。

（2）本次事故反映出当事班组安全教育培训不到位。对作业前危险源辨识、安全环境及注意事项认识不足，没严格执行操作规程，规范化、标准化操作意识不强，反映出日常安全教育和培训流于形式。符合《企业职工伤亡事故调查分析规则》中教育培训不够，未经培训，缺乏或不懂安全操作技术知识的条款。

✅ 正确做法

砂轮机是一种在工矿企业应用广泛的磨削机具，是用来刃磨各种刀具、工具的常用设备，主要由基座、砂轮、电动机或其他动力源、托架、防护罩和给水器等所组成。砂轮通常由磨料、黏合剂和加固材料构成，砂轮在作业时会产生高速旋转，使用时容易发生危险。若要减少和杜绝伤害事故，就必须严格按照《砂轮机操作工安全技术操作规程》的相关规定执行。

1.在使用砂轮机前，要认真检查和调试。

（1）砂轮机在开动前，要认真查看砂轮机与防护罩之间有无杂物。确认无问题后，再开动砂轮机。

（2）砂轮两侧夹盘直径相等，且不宜小于砂轮直径的1/3，夹盘端面要平整，在夹盘与砂轮之间必须加软垫，并均匀紧固夹盘。

（3）砂轮机的防护罩和排尘装置应完整，防护罩与砂轮外圆的间隙应在20～30毫米。

（4）对于新砂轮，必须经过认真的选择，对有裂纹、有破损或者砂轮轴与砂轮孔配合不好的砂轮，不准使用。

（5）砂轮旋转方向应与轴螺纹旋向相反。

（6）安装好的砂轮必须进行 5 分钟空转试验，无明显振动和其他问题后方可使用机械加工。

2. 必须严格执行《砂轮机安全操作规程》，具体如下。

（1）对砂轮机性能不熟悉的人，不能使用砂轮机。

（2）不得用远离砂轮机的开关来操纵砂轮机的开停。

（3）除修整刀具刃面外，不得使用砂轮的侧面磨削，对厚度小于 20 毫米的砂轮，禁止使用其侧面磨削，砂轮的圆表面出现不规整时，应及时修整。

（4）磨削时，要握牢工件，并缓慢接近砂轮，用力不可过猛，不准撞击砂轮。

（5）细小工件，必须用工具夹持，不准直接用手拿，不准磨马金、紫铜、木头等软工件。

（6）磨削工件时，必须戴防护眼镜，不准戴手套。

（7）在同一块砂轮上，禁止两人同时使用，也不许一个人同时磨两个工件。

（8）磨削时，操作者应站在砂轮机的侧面，不要站在砂轮机的正面，以防砂轮崩裂，发生事故。

（9）磨工具用的专用砂轮不准磨其他任何工件和材料。

（10）砂轮机用完后，应立即关闭开关，不要让砂轮机空转。

3. 砂轮机有下列情况之一者，不准使用：

（1）没有出厂合格证或成分、粒度、尺寸及额定线速度不符合要求。

（2）轻敲检查，声音嘶哑。

（3）受潮，有裂纹或碰撞伤痕，中心孔铅套松动或轴孔配合过松、过紧。

违规触摸轴辊，手指肌腱被撕裂

当事者说 >>>>>

我在中原一家电气厂装配班工作。2018年年底一次作业时，我伸左手去扶正在转动的设备，手掌瞬间被转动的轴辊向外翻掰，造成左手掌关节脱臼，中指及无名指内侧肌腱撕裂。现在，只要一想起这件事，我的左手就会不由自主地颤抖，那次伤痛令我终生难忘。

那是2018年11月19日下午，装配班进行苏通管廊GIL（气体绝缘金属封闭输电线路）集中供气站项目耐压试验管道内壁清擦作业，我被安排配合操作。作业管道直径600毫米，单根长8米。为保证清擦效果，装配班自制了一个清擦工装，而且是第一次使用。

通电后，自制工装开始旋转，约6米长的连接轴辊出现比较大的径向跳动。站在一旁的我没细看，也没多想，便下意识地伸出左手去扶轴辊，想减轻轴辊的跳动，但由于左手戴着手套触觉不灵敏，未一下抓住轴辊上的护套，而是滑到了轴辊上。当左手与旋转轴辊接触的瞬间，左手中指和无名指被轴辊撞击向外翻掰，一阵剧烈的疼痛让我大叫起来。工友们迅速关停设备，把我送到医院。经医生诊断，我左手掌关节脱位、两根手指内侧肌腱撕裂。手术比较成功，但十指连心呀，麻药劲过去之后，阵阵钻心的疼让我的额头不停冒冷汗。尤其到了晚上我更是疼得无法入睡。

事后，电气厂对此次伤害事件进行了分析，尽管工装设计上存在轴辊护套两端未设置防滑脱装置等缺陷，但冒险作业是此事件的主要原因。我对自己的违章行为懊悔不已："我不该戴手套扶正在旋转的轴辊，我既是受害者，又是直接责任人。"由于我的违章，直接导致作业项目安全风险辨识、评估和控制程序失控，厂生产处处长、技术处处长、班长、安技员等 8 人共被扣罚 10200 元，并取消 2018 年度各类创先评优资格。

事故分析 🔍

这是一起因当事人未正确使用劳动防护用品而引发的机械伤害事故。

1. 直接原因

当事人在辅助清擦作业时，违反相关安全操作规程，戴手套触碰旋转中的轴辊。

2. 间接原因

班组自制的工装存在设计缺陷，未能在轴辊护套两端设置防滑脱装置，导致作业中如想抓住轴辊护套存在滑脱的可能；班组在新工装第一次使用前，未进行周全的风险辨识，更没有预设有效的防控措施，一旦出现误操作，就很可能发生事故。

自制工装是生产制造企业为提高作业效率经常采用的方式，但在设计工装时，如果能通过一些"避错设计"或"容错设计"使得作业者在作业时不可能发生错误，或者即便发生错误操作也不会受到伤害，那就属于追求"本质安全"的设计思维了。

✅ 正确做法

防止此类机械伤害事故的措施包括：

1. 检修机械必须严格执行断电、挂"禁止合闸"警示牌和设专人监护的制度。机械断电后，必须确认其惯性运转已彻底消除后才可进行工作。机械检修完毕，试运转前，必须对现场进行细致检查，确认机械部位人员全部撤离才可取牌合闸。检修试车时，严禁有人留在设备内进行点车。

2. 炼胶机等人手直接频繁接触的机械，必须有完好的紧急制动装置，该制动钮位置必须使操作者在机械作业活动范围内随时可触及；机械设备各传动部位必须有可靠防护装置；各人孔、投料口、螺旋输送机等部位必须有盖板、护栏和警示牌；作业环境保持整洁卫生。

3. 各机械开关布局必须合理，符合两条标准：一是便于操作者紧急停车；二是避免误开动其他设备。

4. 对机械进行清理积料、捅卡料、上皮带蜡等作业，应遵守停机断电、挂警示牌制度。

5. 严禁无关人员进入危险因素大的机械作业现场，非本机械作业人员因事必须进入的，要先与当班机械作业者取得联系，有安全措施才可同意进入。

6. 操作各种机械人员必须经过专业培训，能掌握该设备性能的基础知识，经考试合格，持证上岗。上网作业中，必须精心操作，严格执行有关规章制度，正确使用劳动防护用品，严禁无证人员开动机械设备。

另外，机械对人体伤害最多的部位是手，因为手在劳动中与机械接触最为频繁。

机械手外伤的急救原则是发生断手、断指等严重情况时，对伤者伤口要进行包扎止血、止痛并进行半握拳状的功能固定。对断手、断指应用消毒或清洁敷料包好，忌将断指浸入酒精等消毒液中，以防细胞变质。将包好的断手、断指放在无泄漏的塑料袋内，扎紧袋口，在袋周围放好冰块，或用冰棍代替，速将伤者送医院抢救。

第四章

安全教育培训不到位
引发的事故

班组安全教育培训的内容包括：本岗位作业指导书操作规范、安全操作规程、职业卫生防护要求等，是掌握各种安全生产知识与技能，防范职业危害、生产经营过程和环境中存在各类危险因素的主要途径，是提高遵章守纪意识、应急处理的能力、保障作业人员生命健康安全的最重要手段。新《安全生产法》规定了对于新上岗或转岗的职工，以及在采用新工艺、新技术、新材料、新设备时，必须进行安全培训；特种作业人员必须按照国家有关规定经过专门的安全培训持证上岗作业。还规定了职工自觉接受教育培训的义务和权利，所以班组安全教育培训是职工上岗作业的前提条件和安全保证。

上班睡觉，醒来左腿残废

📢 **当事者说** ▶▶▶▶▶

5年前，年仅21岁的柳某告别父母，只身来到煤矿当了一名掘进工，他很快染上了贪玩的恶习，休息时间不好好休息，不是到别处搓麻将，就是在寝室招几个工友打扑克，有时一玩就通宵达旦。班前持续过度消耗体力，不能保证充沛的精力投入本职工作，为此，他付出了惨痛的代价。

2013年3月5日早班，柳某带着睡意，迷迷糊糊地来到井下掘进工作面时，早已疲倦得睁不开眼睛。于是，他东倒西歪地走进了离掘进碛头不远处的一个躲避洞里，呼呼大睡起来。突然，左腿一阵剧痛把他从睡梦中惊醒，一块10多斤重的大矸石从顶板垮落下来，正好压在他的左腿上，鲜血浸透了裤子，他刚想挪开矸石，眼前却一片漆黑，昏了过去。

当他睁开眼睛时，已经躺在了医院的病床上，夹着夹板、绑着绷带的左腿一阵阵疼痛，吊瓶里的药液正一滴一滴地注入他的体内。他呻吟着，急切地问医生："我的腿没事吧？"医生摇摇头，叹息道："你要冷静，要勇敢地面对现实，我们已尽了最大的努力……"顿时，他的脑袋像炸开了一样，一种前所未有的、抑制不住的巨大悲痛笼罩着他，望着由于粉碎性骨折而残废的左腿，他再也控制不住了："我还没有结婚啊！怎么去面对今后的生活呀？"

他不禁咬牙切齿地恨起那几个拉他搓麻将的人，同时，他也非常痛恨自己，不该不听室友的劝说，以最后再玩一把的理由玩到深夜，最终落到这个地步。他心中万念俱灰。唉！如果班前不过于贪玩，到岗后不违章贪睡，一切都不会变成现在这个样子……

柳某说，如果有章不循，有规不遵，那么惨祸随时都可能降临，他就是一个活生生的例证。悔恨的泪水弥补不了因违章作业而造成的身心伤害。愿他血的教训能够唤起工友们的安全意识，时刻绷紧安全这根弦，不要让悲剧重演。

事故分析 🔍

这是一起典型的因安全教育培训不到位，作业人员严重违反劳动纪律、无视制度规定而导致的物体打击意外伤害事故。

1. 直接原因

当班掘进工柳某通宵达旦玩扑克，在没有充分休息后冒险下井，工作中睡岗，导致事故发生。

2. 间接原因

柳某安全意识不强，长期以来对自己的工作放松要求，工作作风涣散。

睡岗既是一种不文明行为，也是对生产岗位的严重渎职和不负责任的表现，轻者可给岗位带来安全隐患，重者会造成一定的生产安全事故，影响生产进度，确实是一个不应忽视的现实问题。

✅ **正确做法**

入井须知规定：

1. 坚持"三个一定"

（1）下井前，一定要休息好，做到心情愉快，保持精力旺盛。

（2）下井前，一定要携带好自救器。需要使用便携式瓦斯检测仪的，作业地点的人员必须将其携带好。

（3）下井前，一定要戴好矿灯。

2. 做到"一个必须"

下井前，必须把工作服、安全帽、胶鞋或筒靴、胶带、工具包等穿戴整齐，带齐完好的生产工具、检查仪器和上岗证件、记录本。

3. 遵守"六检查"

（1）检查作业服，穿着要整齐，严禁穿化纤衣服入井。

（2）严禁带烟火下井。

（3）检查个人防护用品、自救器、瓦斯检测仪等物品是否齐全、完好。

（4）检查随身物品（工具、材料）是否带好，长工具或钎子必须由专用运输车运送，刀、斧头、掏扒、钎镐、钻头等锋利工具应套上防护套并放置于专用包中，避免碰伤他人，以防乘罐笼和乘人车时坠落和滑下。

（5）检查矿灯是否完好，发现不完好矿灯要立即更换。

（6）检查特种作业证件、上岗证是否在身上。

4. 坚持"两要求"

（1）应当随身携带毛巾。

（2）应当随身携带淡盐水。

5. 其他要求

（1）凡是未参加班前会的员工不得擅自入井或上岗。

（2）需要办理有关工作票和入井证的，应提前办好，并注意随身携带。

（3）高空作业、斜井作业、煤仓作业、溜煤眼作业人员应检查并携带合格的保险带和安全帽。

（4）员工入井前都必须接受检身。

未执行"分次装药、分次放炮"被炸伤

当事者说 »»»»

"小军，我看看你背上的伤疤长好了没有。"前几天，我在矿上澡堂碰到了我最好的朋友小军，连忙上前问道。"好得差不多了，这真是不幸中的万幸了，以后再也不敢违章作业了。"小军心有余悸地说道。

小军是我读初中时就认识的朋友，我们一起来到矿上，还被安排到同一个班学习，后来一起考入了某技工学校。那时我们住在同一个寝室，天冷的时候，还会挤在一张床上睡觉，可以说是无话不谈、有求必应的好兄弟。毕业后，我们又被分到了现在的煤矿，小军当了一名放炮员，我被分到另一个队当了一名采煤工。

而小军的这个伤疤是怎么回事呢？这还要从他在采煤队当放炮员的时候说起。2002 年的一天，大约是晚上 7 时，我们一家人吃了晚饭，正准备出去散步，突然接到小军妻子打来的电话，说小军在井下放炮时把自己炸伤了，现在正在去往医院的路上。我挂掉电话，急忙往医院赶，等我赶到医院时，小军已经被推进了手术室，他的妻子、母亲焦急地在手术室外等待着。他的妻子对我说："光明，我见不得血，一见血就晕，你帮我到手术室看看吧。"

在取得医生的同意后，我走进了手术室。此时，小军正趴在手术台上，他脸色苍白，后背全是血，看见我进来，小军双手紧紧拽住我的衣服，大声叫道："兄弟，我快要疼死了，我受不了了。"医生没有理会他，正在想尽办法清除嵌入他后脑勺和背部的大量煤炭颗粒，如果清理不干净就有可能导致感染。

我问医生："为什么不给小军打麻药？"医生告诉我说，因为小军的后脑勺受伤了，脑部受伤一般不轻易使用麻药，而且小军后背属于轻度创伤，只有深度创伤才使用一些麻药。看着医生把一个个沾满血迹的棉球丢到手术盘里，我的心也跟着疼起来。

这时，手术室外传来小军母亲的责备声："小军，你为什么要蛮干啊！你怎么就不想想我，想想你的妻子和女儿啊……"小军的妻子也在一旁不停地抹眼泪，那场景使我终生难忘。后来经过一系列的检查，确定小军只是受了点皮外伤，在医院住一段时间后就可以出院了。

小军被炸伤的这起事故引起了公司的高度重视，经调查后得知，这次事故主要是由于小军在采煤工作面违规放炮造成的。他把工作面打好的炮眼用炸药和雷管分为5个一组全部进行了连接，当他把第一组炮放响后，没有等炮烟散完，接着又开始连接第二组放炮母线。为了节约时间，他在离爆破点10多米远的工作面上方，用一块3毫米厚的铁溜子对身体进行掩护。就在他按下起爆器的那一瞬间，附近没有连接的炮炸响了，小军昏死过去。过了将近半小时，班长觉得不对劲儿，于是到工作面查看，这才把昏过去的小军送到了医院。而矿里的《安全操作规程》规定：一次装药分次放炮是明令禁止的，放炮员只能分次装药、分次放炮，并且需要严格执行"一炮三检制"。

后来，小军被炸伤的这起事故被公司当作典型案例供员工们学习，同时，还要求所有员工重新学习《安全操作规程》。公司希望员工们可以通过学习，增强个人安全意识，防范事故发生。

这件事情虽然已经过去 20 年了，但每当我们提起那次违章放炮的事故，小军都会懊悔地说："幸亏我当时还穿了件厚棉衣，不然后果可就不堪设想了。大家一定要按章操作，千万不能图省事去违章作业，因为这样痛苦的是自己，受连累的是家人。"

事故分析

这是一起典型的因安全教育培训不到位，爆破工严重违反爆破安全作业规程，放炮作业时不按章操作引发的人身伤害事故。

1.直接原因

小军严重违反该矿《安全操作规程》规定的严禁一次装药分次放炮，并且未严格执行"一炮三检制"。

2.间接原因

（1）小军对危险源辨识不到位。

（2）违章放炮。班组长、瓦检员、放炮员应坚持"三人连锁放炮制"，规范放炮员的操作，细化现场安全管理，以杜绝这种事故。

正确做法

1.打眼爆破作业时，整个作业过程必须在跟班队长的监护下进行。

2.为确保安全，严禁发生多打眼、多装药现象。

3.放炮员、班组长、兼职瓦检员在放炮作业中必须现场执行"一炮三检制"和"三人连锁放炮制"。

4. 放炮前，兼职瓦检员必须对放炮地点的瓦斯浓度进行检查，爆破地点附近 20 米以内风流中的瓦斯浓度达到 1.0%时严禁进行爆破。

5. 井下放炮时，严格执行相关规程之规定，杜绝"三违"。

不按规程清煤泥，左手被扯断

当事者说 >>>>>

　　我叫杨某某，是某煤电公司煤矿采煤二队的一名皮带机司机。2014年7月13日，是我今生永远的痛，因为自己违章操作，我眼睁睁看着自己的左手被快速运行的皮带机活生生扯断，那一刻，真是让我痛彻心扉，几欲昏死。

　　7月12日晚上7时，班前会上，班长安排我去操作采面机巷皮带机。13日凌晨3时许，我一边操作设备一边抵抗睡意，后来感觉没什么事就打了个盹儿。过了一会儿，班长按照惯例打来电话，通知我工作面当班割煤已经结束，大家都在收浮煤，这是最后一趟煤了，运煤结束后，要认真检查设备，准备交班。于是，我朝皮带机机头位置走去，那地方经常有皮带机刮板刮落的煤泥和煤矸等杂物，须在交班前清理干净。这时，我发现皮带机机尾滚筒粘裹着煤泥并造成皮带轻度跑偏，煤矸顺着跑偏的皮带纷纷落下。我顿时有些着急，心想：这么多掉落的煤矸要清理到什么时候啊？用铁锹刮刮算了。有了这个念头，加上刚打了个瞌睡，脑子里昏沉沉的，我就忘记了"处理皮带机尾滚筒上的煤泥之前，必须先停止皮带机运转"的安全规程，直接用手中铁锹去刮机尾滚筒上的煤泥，突然手一滑，铁锹被运行中的皮带机底带转动滚筒咬住，铁铲手柄把我的左手上臂反压在皮带机机头的承重架上。我一下子失去重心，向左倾斜，左手臂被高速运转的皮带拉了进去。在矿灯的照射下，我看见鲜红的血顺着我的手臂喷涌出来，一阵剧痛传来。情急之下，我奋力往外拔左手，无奈自己根本抵挡不了皮带机的强大力量。这一刻，我被巨大的恐惧所包围，一边大声呼救，一边奋力挣扎，但皮带机运行中的轰鸣声淹没了我的呼救声。我被卡在防护装置上，看着自己的左手臂一点一点被皮带机滚筒往里面拉。此时的左手已不听使唤，我感觉它已不再属于我了。先是骨头断裂的声音，接着是皮肉撕裂的声音，鲜血喷涌而出，我看着自己的左手被皮带机滚筒卷了进去，消失在视线里。那一刻，呼救声变成了痛苦的哭声，我泪如雨下，为巨大的恐惧而哭，为钻心的疼痛而哭，也为自己的违章操作而哭。在剧烈的疼痛中，我用右手拉着皮带机的机头架挣扎着站了起来，踉踉跄跄走到距离皮带机操作台1米远的电话机旁，拨通了工作面的值班电话，用仅有的力气说了句："我出事了，快来救我。"刚说完，我感觉头一晕，就歪歪斜斜地倒了下去……

醒来的时候，自己已躺在医院的病房里，病床四周围满了医生、护士、工友和家人，我突然觉得不好意思面对他们，下意识地想用被子把自己遮起来，但是发现左手已没有了丝毫感觉。这一刻，我再一次泪流满面。

因为我违章操作导致重伤，集团公司责令我们矿停产学习1天，扣除全矿当月安全工资5%，取消年终集团公司"五无矿井"评选资格；采煤二队被停产1天半，组织学习，取消年终矿级"四无区队"评选资格；我们54岁的区队长降职为区副队长，罚款2000元，并在全矿进行公开检讨；

我的班长被免职，罚款1500元；全矿安全、生产、技术等主管部门人员分别受到800至1800元不等的经济处罚。同时，我的家庭也受到很大影响，妻子精神受到很大打击，孩子学习不在状态……

这件事虽然已经过去3年多了，但每次想起那血淋淋的场面，都令我心有余悸，懊悔不已。

事故分析 🔍

这是一起因安全教育培训不到位，作业人员严重违反《安全操作规程》，在皮带运转时进行清理作业，从而导致的严重人身伤害事故。

1. 直接原因

该煤电公司煤矿采煤二队的一名皮带机司机杨某某没有停止皮带运转就进行清理积煤。

2. 间接原因

该煤电公司煤矿采煤二队的一名皮带机司机杨某某工作状态不佳，工作中注意力不集中。

皮带机造成的伤害事故后果非常严重，往往是非死即重伤。预防皮带机伤害事故，保证职工在作业过程中的平安与健康，是广泛应用皮带机的各家企业安全管理的重要工作之一。

✓ 正确做法

1. 司机必须熟悉皮带机的性能及构造原理，并经培训合格取得资格证后方可持证上岗。

2. 皮带机的机头传动部分、机尾滚筒、液力偶合器等处都要装设保护罩或保护栏杆。

3.作业人员的衣着要利落，袖口、裤角、衣襟要扎紧，长发必须盘在安全帽内。处理皮带机尾滚筒上的煤泥之前，必须停止皮带机运转。

4.皮带机运行过程中，严禁用铁锹或其他工具刮除粘在滚筒上的煤泥，或用工具拨正跑偏的皮带，严防发生意外伤人事故。

冒险作业致顶板坍塌，腰椎被砸断

当事者说 >>>>>

虽然是夏天，但是雨后的夜晚还是有一丝丝凉意。我滑着轮椅来到阳台上，一股风吹来，我的腰一阵阵作痛，身体不舒服的滋味不由得使我想起了当年那次使我腰部严重受伤的冒险作业。

我原来是一名采煤队的矿工，工作认真、体力好，在班组是骨干，是大家公认的班长后备人选。在工作中，大家都喊我张师傅，还经常请我吃饭喝酒。时间久了，我心里有点飘飘然的感觉，认为自己怎么干工作都能干好，怎么干都不会出事。

那是 1987 年 6 月，我工作的采煤工作面出现断层，矿技术部门编制了过断层的安全技术措施，决定要加强顶板支护，并对各项安全措施进行了强调。而我并没有重视这事，心想：我都是老工人了，什么场面没见过，不就是个断层吗，按照措施执行操作就行了。

一天晚上，我和几位工友喝酒聊天，饭后又打牌到深夜 12 点多，早上闹钟响了几次才起床，早班排班时昏昏沉沉直打瞌睡，根本没有听清工作安排和安全注意事项。

进入工作面后，我带着两个新工人，按照往常的操作办法，硬着头皮开始工作。我一边干活一边抵抗睡意，干了一个多小时，疲倦的我感觉眼睛睁不开了，当即就把剩下的工作交给两个新工人。自己悄悄找了一个角落躺下，一会儿就睡着了。

不知道睡了多久，迷迷糊糊中，一位工友叫醒我，说："机巷需要一根 1.7 米的支柱。"我爬起来，扛起支柱到了机巷用楔子一塞就了事。班长对我说："这样可不行，既不符合规定，也不安全，支柱必须打牢，同时还要加强顶板和四周的支护。"当我听到要返工，非常生气，仗着自己资格老并不理会班长。

班长的提醒并没有引起我的重视，我心想：就这一次不按规定操作，应该不会出问题。我刚准备去整理工具，只听"嘭"的一声，顶板突然垮落了，把我挤压到了巷道的一个角落，冒起的灰尘让我眼前模糊，不知道是矸石还是支柱压住了我，我当时就昏过去了。

蒙眬中，我听见有人在喊："糟了，有人被埋住了……"还有人在喊："快去把他刨出来！"据工友后来告诉我，8 个人刨了 1 个多小时，才将砸在我身上的矸石搬走，把我救了出来。

救护人员随即把我送到矿区医院，医生确诊我为腰椎严重骨折。在医院治疗期间，病痛天天折磨着我，刚开始我不能接受这个现实，常常是以泪洗面，吃不下东西，睡不着觉，不到一个月，我瘦了 20 多斤。在亲人、朋友、工友的关心帮助下，我慢慢接受了现实，但从那以后，我再也站不起来了，行走全靠轮椅，不仅如此，下雨天时常就会腰痛。

光阴似箭，日月如梭。35 年过去了，可那一天的情景我依然记得那么清晰，平时我都规规矩矩办事，就因为那一个侥幸之念毁了我一生。时间并没有带走我的伤痛，我一直在疼痛中煎熬。每当和工友聊天时，我都会讲起自己受伤的故事，告诫他们，上班前一定要休息好，工作中一定要遵章守纪，一定不能心存侥幸，必须规范操作，平平安安才是最大的幸福。

事故分析🔍

这是一起典型的因安全教育培训不到位，员工违反安全技术规范，下班未及时调整作息，上班又不听从班长指挥，最终造成顶板坍塌引发的人身伤害事故。

1. 直接原因

该矿员工工作中不遵章守纪，心存侥幸，不规范操作，对班长的提醒置之不理最终导致了事故。作业人员张某下班后未能及时调整作息，过度娱乐，班前会不认真听作业内容及注意事项，在工作中存在睡岗的重大不安全行为。

2. 间接原因

平时的教育培训力度和处罚力度不够，导致员工心高气傲、不重视安全。

违章作业是职工的习惯动作，具有顽固性、多发性，一些职工不重视技术业务和安全知识的学习，盲目地凭着经验和习惯作业。违章作业行为是一些职工潜在的陋习，一些文化和技术素质较低的违章者，容易缺乏警惕之心。

✅ 正确做法

1. 过断层期间，每班必须有跟班人员在现场值班，把好现场安全关。

2. 在工作面上下班交接时，工作面断层带必须重点交接，不得出现一根不合格支柱。

3. 班长应对现场安全进行检查教育，对违章及不听从指挥的人员应当给予警告或处罚，不能容忍队员违章蛮干。

4. 加强职工安全思想教育和安全技术培训，严格按作业规程和操作规程去做。

5. 杜绝作业中的"三违"行为和不正确的做法，提高职工作业中的自保能力。

未使用专用工具清理废料，两根手指被切断

当事者说 >>>>>

　　我叫孙某某，在山东某煤矿支护厂从事铁丝网编织工作。参加工作近20年来，我一直在这个岗位，厂里制度完善，按理说只要按规操作就不会发生事故，但就在一次处理编织机刀口废料时，我脑子一走神，把手伸进了切断机刀口……从此，我永远失去了右手的两根手指。

　　那是2014年4月的一个休息日，中午厂里通知加班，铁丝网追加了生产计划急需增加人手，我没办法推托，就让老公下午送孩子去补课，但他说下午要去单位参加学习，脱不开身。为此，我和老公大吵一架，把孩子委托给邻居，便急匆匆上班去了，但总觉得一肚子气没发出来。

　　到了班上，我像往常一样打开设备开始工作。铁丝网编织机是自动化的设备，编好程序，设置好尺寸，基本上不用人动手，但铁丝网成型后，成型切断口处会产生一小部分废铁丝头。我要定时对这些废料进行清理，以防止堵塞切断口，影响下一道程序。为确保安全，厂里还专门制作了专用清理工具。

　　那天，我操作设备、设置程序、铁丝上料等都很顺利，毕竟自己也是一名老员工，很多工序、制度、规程可以说是倒背如流了，但因为和老公

吵架，心里憋着火，一想老公就有气，再一想孩子，不知道他是不是吃好了、是不是安全到校了……反正就是所有心思都不在操作上。

在清理废料时，起先几次都是本能地使用专用工具去清理，但后来的一次，我无意识地把手伸进切刀口，用手直接去清理堆积的铁丝头。更可怕的是，规程上要求清理废料时必须停下运行设备，而我却在切刀运行中把手伸进去了。随着一声惨叫，我右手小拇指和无名指被锋利的切刀无情地切断。

我被迅速送往医院，虽经医生全力补救，但由于伤口感染严重，没有保住手指。在事故分析会上，我如实地向厂里说明事故原因：自己操作时因为家事走神，清理废料时没有按要求使用专用工具，没有停下运行的设备，最终导致这起事故。

这次事故除了造成我身体上的残疾和生活上的不便，更对我的心灵造成了无法弥补的创伤，有时孩子心疼地摸着我的手，我内心有一种说不出来的难过。我希望我的教训能够让大家警醒：上岗操作要保持良好的精神状态，集中精力按章作业，千万不要带着任何情绪上岗，以免心不在焉付出惨重的代价。

事故分析 🔍

这是一起因安全教育培训不到位，作业人员注意力不集中、严重违反操作规定而导致的人身伤害事故。

1. 直接原因

山东某煤矿支护厂员工孙某某，清理废料时没有按要求使用专用工具，没有停下运行的设备。

2.间接原因

员工孙某某工作中精力不集中，操作铁丝网编织设备时因为家事走神。

✅ 正确做法

家庭生活不和谐易产生情绪问题，常常造成工作分心；在日常生产过程中，有时为了保证某个生产目标的如期实现，会层层压任务、抢进度，容易使部分职工不情愿地被动生产，此时往往会使得一部分职工的情绪不稳，从而造成忙中出错；身体不适时也易产生不良情绪。

产生情绪波动的职工，往往易产生"信任危机"。他们的言行，需要得到领导和周围同事的理解。需要各级领导，尤其是生产一线的管理者既要有一副"热心肠"，又要掌握心理疏导的技巧，可以运用EAP（心理援助计划）工具，借助"心灵驿站""休闲网吧""情绪调节室""谈心会""读书角"等形式，有针对性地开展"一对一"或"一对多"的心理辅导，缓解职工各方面的心理压力，消除负面情绪，帮助他们解开心头的枷锁，也就消除了隐患。

如今，女性在工作中与家庭中都面临着新的挑战，而这些挑战会带来许多额外的精神压力。希望女职工要学会控制自己的情绪，用各种文体活动、消遣旅游、休闲娱乐等方式，分散注意力、缓解压力、提升生活品质，以饱满的工作热情、良好的精神状态和积极向上的人生态度去迎接挑战、面向未来。

如果不是图省劲，就不会失"足"

当事者说 >>>>>

"老黄？哦，还真是他！"前些天，我去市中心一家超市购物，超市门口简易修鞋摊前一张熟悉的面孔映入眼帘，我的心不禁一颤。只见头发花白、满脸沧桑，穿着黑色皮围裙的黄雷（化名）慢慢站起身来，一瘸一拐地走到不远处的工具箱旁，取出一卷缝线，然后回到自制的简易小凳上，把修鞋机的线换好，继续认真地为顾客修鞋。这时，我才注意到老黄的脚，几年前那令人心痛又难忘的一幕浮现在我眼前……

2014 年，我和老黄在同一家煤矿工作，我是机电队绞车司机，老黄是掘进队运料班运料工。一日早班，由于运料工需要提前入井备料，下午 2 时左右，老黄就完成了当班的工作任务。当时还没到下班时间，按规定，副井运人车还不能提升人员。于是，老黄决定从回风斜井步行升井。

行走 100 多米后，干了一天活儿的老黄脚步变得沉重起来。"唉，还有 700 米上山路要走，休息一会儿再说。"老黄自言自语着，刚坐下想休息一会儿，他便隐隐约约听到矿车行驶的声音。突然，一个念头跳到老黄脑子里："何不跨车而上，享受一秒是一秒！"想到这儿，老黄便折回到轨道下山处。这时，刚好有一辆装满矸石的矿车驶过来，他心中暗喜：

"想啥来啥。"于是，顺势跳上车，站在矿车挂大钩处，随车而行。"还真是省劲！"老黄很高兴。

很快，矿车运行到距井口 100 多米的一水平处，这时，老黄心里一激灵，他想，跨车是违章啊！如果继续上行，万一被谁抓个现行就麻烦了。想到这儿，他赶紧跳车。就在老黄跳下矿车的一瞬间，穿胶鞋的右脚着地时突然一滑，一个趔趄，左脚一下滑到了轨道上，左脚跟及脚腕猛地被矿车后轮"咬"了一下。原来，巷道里刚洒过水，地面湿滑，加上胶鞋穿久了，脚底磨得很光滑。

"哎呀！"随着一声惨叫，老黄条件反射般地抽脚倒地。那时，我和几个工友正好经过此处，听到惨叫，便飞速向老黄身边奔来。只见半躺在地下的老黄痛苦地呻吟着，鲜血不断地从被挤破的左脚胶鞋里渗出来。

虽然老黄被迅速送到医院救治，但他的左脚后跟及脚腕严重粉碎性骨折，再也不能像以前一样行走自如了，再也无法干重活了。

得知结果的那一刻，老黄泪流满面，他为自己耍小聪明违章跨车而哭，为自己麻痹大意而哭，更为自己对家庭不负责任而哭。

"唉！一'失'足痛悔终生！"我和老黄打招呼时，老黄摇摇头，无奈、羞愧地说。

他的经历告诉我们：安全规程血写成，劝君莫要去验证。

事故分析 🔍

这是一起典型的违反安全规程、忽视安全管理制度，为了省力气跨车升井而引发的意外伤害事故。

1. 直接原因

掘进队运料班运料工违反《煤矿安全规程》第三百八十六条中严禁扒车、跳车和超员乘坐的规定，违章跨车升井。

2. 间接原因

（1）该煤矿对职工安全教育不够，现场管理不到位，规程措施不能现场落实。

（2）黄某个人麻痹大意，自主保安意识差，对违章心存侥幸。

"安全责任重于泰山"不应该只是一句口号，而应该是大家的一种实际行动，安全生产，反对"三违"，依法按章作业对我们井下工人的身心健康十分重要，我们要将安全摆在突出的位置来抓，摆在中心任务来搞。如果安全工作搞不好，发展、稳定、经济效益都将无从谈起。

✅ 正确做法

1. 无论在哪里都不要双腿骑钢丝绳行走；更不要跨车省力。

2. 任何人不准从立井和斜井的井底穿过，要绕道而行。

3. 从巷道顶部有人进行维修作业的地点穿过时，要先同上面的人联系好，请他们暂时停止作业，然后再通过。

4. 在绞车道行走时，要先泊车后行人。

5. 不要在轨道中间走，也不要随便横穿电车轨道、绞车道，否则较易发生意外，如一定要横过，就要看清前后来往车辆，要在没有车辆通过时才能横越穿过，特别是在跨越钢丝绳的时候，更要多加小心，防止绊倒或被钢丝绳打着。井下来往车辆较多，巷道的宽度有限，行走时一定要注意安全。

6. 为了防止巷道中来往车辆伤人，在运输大巷的一侧，都设有人行道，行走时一定要走人行道。

7. 严格遵守《煤矿入升井人员安全管理办法》。

8. 区队要加强员工安全教育的培训，让员工从心底杜绝"三违"。

抢进度，被机器压骨折

当事者说 >>>>>

　　我叫唐某，是某煤矿机电队机组班班长。几个月前的那次违章作业，造成我盆骨骨折，给我的身心带来巨大伤痛，让我刻骨铭心，后悔不已。

　　9月2日，矿机电队班前会上，队长唐师傅安排我们机组班当天进行100型爬底式采煤机拆卸工作，同时交代了作业操作要领及安全注意事项。对我而言，拆除采煤机不下20次，早已"轻车熟路"了，队长在上面说得唾沫横飞，我只顾在下面看手机。

　　会后，我和机组班的工友们换好工装，头戴矿灯，腰间佩带自救器和便携式报警仪，朝矿井深处走去。一个多小时后，我们来到外联21116工作面。我对采煤机拆卸工作进行了分工，史某、张某、刘某拆卸采煤机摇臂，我自己拆卸采煤机底架。

　　任务分配完后，大家开始按规程进行采煤机拆卸作业。干了一阵子，我脸上的汗珠不断滚落，工装也被汗水浸湿了，一阵巷道风吹来，我忍不住一连打了几个喷嚏。忽然，我想起了离开家时妻子的话："今天我过生日，你早点回来……"想着妻子的话，我想早点下班给妻子买份生日礼物，给她一个惊喜，但我粗略估计了一下，如果按章作业，晚上7时才能升井，想到妻子还眼巴巴地等着我回家给她过生日，就加快了作业进度，把安全措施、作业规程及各种规章制度都抛在了九霄云外。我凭着经验，在没关闭采煤机磁力起动器隔离开关和离合器的情况下，就躺在溜子上拆卸采煤机底架螺丝。10多分钟过去了，我顺利地拆卸了底架上的螺丝，就在我为自己的"小聪明"得意时，采煤机突然快速下滑，将我压在了巷道帮上无法动弹，一阵疼痛如潮水般袭来，我朝工友大声呼救。工友们听到喊声快速赶来，合力抬起采煤机，把我从机器下面平拉了出来，迅速送往医院。

经医生诊断，我的盆骨骨折，需立即手术。术后，我从疼痛中醒来，睁眼看见了身边白发苍苍的父母和泪流满面的妻儿，一阵内疚涌上了心头。我一连抽了自己5个耳光……

事故分析

这是一起典型的因安全教育培训不到位，作业人员违反操作规程和安全防护规定而引发的拆卸采煤机时采煤机滑落压人事故。

1. 直接原因

在进行拆卸采煤机作业时，因需要拧开采煤机底架下面的螺丝，作业人员在没关闭采煤机磁力起动器隔离开关和离合器的情况下，就躺在溜子上拆卸采煤机底架螺丝，致使螺丝被拆开后采煤机发生下移将其压伤。

某煤矿机电队机组班班长唐某自大蛮干，不重视班前会强调的安全注意事项，工作中又着急下班，为了抢时间，把安全措施、作业规程及各种规章制度都抛在了九霄云外，严重违章作业。

2.间接原因

班组在进行拆卸工作前未制定相关安全措施，未设立安全监护人和进行风险分析。

痛定思痛，本次事故告诫广大工友：生命如此脆弱，禁不住随意彩排；生命如此脆弱，禁不住半点漠视。你的生命不仅属于你自己，还属于爱你的家人，只有时刻绷紧安全之弦，上标准岗、干放心活，人身安全才有保障，这才是送给亲人最好的礼物！

✅ **正确做法**

1.拆卸采煤机要做到以下3点。

（1）将采煤机停放在顶板完整、无淋水、支护有效，底板坚硬无淤泥、积水的地点。

（2）切断电源并闭锁。

（3）选择空间大的地点进行拆卸。

2.企业要对全体职工进行安全培训，全面提高职工的安全素养，让职工了解安全的重要性，杜绝"三违"现象。

未将控制手柄置于"零"位，令工友失去半条腿

当事者说 》》》》

我在煤矿运输队电瓶车司机的岗位上已工作12年，6年前那次违章操作造成工友失去半条腿的事故，令我痛悔终生。

那天，像往常一样，刚接完班，班长安排我将机电队维修好的两台电瓶车驾驶入井。于是，我来到副井口电瓶车充电间，看到机电队维修工王师傅在修电瓶车，连忙询问旁边的电瓶车是否可以入井。

"检查完了，你可以试车了。"王师傅对我说。

"好嘞。"我一边答应着，一边坐上电瓶车，开启电瓶车手柄。谁知道，连续几次，发现电瓶车无法启动，就急忙询问王师傅是什么原因。

"你呀，还老司机呢。没通电，咋会走呢？"在离我约5米远的轨道道心处正在检修另一台电瓶车的王师傅用开玩笑的语气说。

"瞧我笨的。原来是没插电池插头呀，我这就去插。"被他这样一说，我才想起电瓶车检修时要拔掉电瓶车的电池插销。于是，我从电瓶车上下来，不假思索地弯下腰插电池插销，却把"操作前必须将电瓶车控制手柄置于'零'位"的操作要领忘得一干二净。

当我插上电池插销的一瞬间，手柄处于行走位置的电瓶车在无人控制

的情况下迅速向王师傅身边运行。还没来得及上车的我边追赶电瓶车边冲王师傅大声喊道："王哥，快躲开！快！"

正专心检修电瓶车的王师傅听到我的喊声急忙直起身，看到驶来的电瓶车急忙躲开，可还是迟了一步，他的左腿来不及从道心撤出来，只听"嘭"的一声，他的左腿膝盖至足踝处猛地被挤在两部电瓶车中间，他大叫一声，身子便倒在轨道旁。

我的大脑"嗡"的一声，一片空白。这时，在副井口的工友们听到我的喊声后，迅速向这边跑来。在大家的提醒下，我赶快将肇事的电瓶车推到一旁，手柄归于"零"位。

疼晕的王师傅脸色煞白，身子扭曲着倒在轨道旁，两眼紧闭，左小腿处的工作服被血浸透，脚面血肉模糊……当时的情景至今仍刻在我的脑海里。

王师傅因粉碎性骨折永远地失去了左小腿膝盖以下部分。事后，在矿井召开的事故追究分析会上，看着责任追究书，我想到再重的处罚也换不回工友的腿，心里五味杂陈，为自己违章操作而后悔。此后，我经常把这个事故讲给工友们听，提醒他们无论干什么活，都必须时刻想到安全，严格按作业规程操作，做好安全确认，落实好安全防范措施，切忌图省事冒险作业。

事故分析 🔍

这是一起典型的因安全教育培训不到位，导致员工对专业知识不熟、违反操作规定引发的机械撞击人体伤害事故。

1. 直接原因

运输队电瓶车司机专业知识不强，在插电池插销前没有将电瓶车控制手柄置于"零"位，导致跑车伤人。

2. 间接原因

（1）职工互保、联保意识差，没有注意安全并进行违章操作。

（2）区队对职工安全管理、安全教育、技术管理培训力度不够，职工安全意识薄弱，自保意识差，麻痹大意。

"四不伤害"乍一听平淡无奇，其中却蕴含着深刻的智慧。实际生产过程中，绝大多数事故都是因违反"四不伤害"导致的恶果。这就启迪我们必须牢固树立"安全第一、预防为主"的思想观念，认清事故危害的严重性，不断强化自我的安全意识。

✅ 正确做法

1. 要开展"手指口述"工作法大比武活动，奖优罚劣，不合格者停班学习，要切实将此项工作抓到根上，落到实处，从根本上提高职工对隐患的防范能力。

2. 要组织职工重新学习"三大规程"及安全技术措施，并结合此次事故教训，举一反三，深刻反思，开展好警示教育。

3. 要进一步明确和落实各级安全生产责任制，强化关键工序和重点隐患的双重预警，并加强特殊作业人员的安全管理。

4. 要深刻接受这次事故教训，迅速开展"反事故、反三违、反四乎三惯、反麻痹、反松懈、反低境界管理、反低标准作业"活动，加大现场安全管理力度，强化现场精品工程意识。

皮带运转时进行清扫，被托辊"咬"了

📢 当事者说 》》》》

　　我的同事朱某，在中原地区一家煤矿开拓队工作。现在，每当他看到胳膊上的伤疤，5年前那令人心悸的一幕便浮现在眼前。

　　2015年3月6日，中班班长宋师傅安排朱某去清理高强皮带机下的浮煤。晚上10时30分，高强皮带机检修完成，宋师傅和朱某确认后，让皮带机司机启动皮带机。机器启动后不久，朱某发现高强皮带机里侧的浮煤没有清理干净，想到如果被班长发现就该扣工分了。可自己也没权让高强皮带机停机。再说，快下班了，生产任务紧呀，不如自己慢慢用锹清理几下。

　　就这样，朱某忘记了"严禁在皮带机运转时清理皮带机底部浮煤"的操作规程，弯腰钻到距巷道底1.3米的高强皮带机下清理浮煤。一不小心，他的安全帽被运转的高强皮带机蹭到，他一下子失去重心，跌倒在地，急忙起身的瞬间，在慌乱中，他的右手及小臂竟然按在了运转的皮带托辊上，没等他反应过来，他的右手及小臂迅速被卷入皮带托辊中，剧烈的疼痛让朱某忍不住大叫起来。碰巧被经过的工友张师傅听到，赶快跑过去按下不远处的皮带机急停开关，把朱某送到医院。

经医院诊断，朱某右臂骨折，右手软组织严重擦伤。虽然经过 3 个月的治疗、修养得以康复，但是他心里的伤痛却永远无法抹去，对自己的违章行为他后悔不已。

事故分析 🔍

这是一起典型的因安全教育培训不到位，员工思想上轻安全重生产，行为上严重违反《安全操作规程》规定，在皮带运转时进行清扫作业导致的皮带伤人事故。

1. 直接原因

朱某在皮带机启动不久后发现高强皮带机里侧的浮煤没有清理干净，因怕被扣工分就明知故犯，违反《安全操作规程》，在皮带机运转时钻进皮带机底下清扫。

2. 间接原因

煤矿开拓队对职工安全教育不够、要求不严，造成个别职工安全意识不强、违章作业，现场安全管理有漏洞，对职工的违章行为监督检查不力，《安全操作规程》在现场得不到有效落实。

总的来说，很多的事故都是人的思想麻痹导致的，而要减少这样的事故，就需要我们在做事情的时候多考虑半分钟，多想想我这样做会出现什么样的后果，那事故应该会减少很多。

✓ **正确做法**

1. 所有参加施工人员必须配齐完好的劳动防护用品，领口、袖口扎紧，佩戴防尘口罩。

2. 所有参加施工的人员必须听从现场负责人统一指挥，并且牢固树立安全第一的思想，负责人要严格保证人员的安全。

3. 职工必须执行"三不伤害"原则。

4. 清理前要求每位清理人员牢记措施中的每项要求，并严格按照清理的步骤进行作业。

5. 清理任务量分配完成后，清理人员方能进入现场清理积煤。

6. 清理皮带下方积煤时，用两侧探掏挖式清理方式。

7. 调度室如遇情况需要开启皮带机时，通知现场总负责人，安排所有人员撤离到安全位置时方可开启皮带机。

8. 员工完成清理工作以后，汇报总负责人，待验收合格后，施工人员方可结束此项工作。

9. 由现场安全员督察现场的施工安全工作。

10. 队长、书记或副队长至少有一名队干跟班作业，与工人同上同下，协调现场。

工作溜号，左手中指被撕裂

当事者说 >>>>>

　　我叫程某某，是某能源集团矿山机械厂的一名护厂工。安静的时候，我常常会想起那起发生在我身上的事故。那一次，由于自己麻痹大意，造成左手中指骨头撕裂，留下了终身残疾，现在想起还会感到一种钻心的痛。

　　2009年，我还在从事单体支柱大修工作。我清晰地记得那是国庆节后第一天上班，车间副主任刘师傅安排完工作后，认真地对我说："小程，你在操作这个三用阀冲阀器时，一定要认真仔细，千万不要在冲阀器没有停稳的情况下，用左手去取三用阀的右阀筒。""知道了，这个简单！我注意就是了！"我满不在乎地回答道，心里却想：我从煤矿技校分配到单体车间上班已经有两个月了，对车间里的各项工序已经基本掌握了，再说这个机器很简单，难不成还会出安全事故？

　　于是，我开始了一天的工作。我先用左手把右阀筒放进冲阀器左边的固定装置上，右手握着液压手柄，用冲阀器的冲杆一遍一遍地将右阀筒里的三用阀阀芯顶出。干着干着我觉得很无聊，就想和从身边路过的工友们打打招呼什么的。而路过的工友不是不理我，就是提醒我要认真操作，我心里多少有点失落，于是又开始东瞧瞧西望望，还哼起了歌……

突然，我感觉左手传来一阵钻心的疼痛，定睛一看，只见我的左手已经被冲杆顶到固定装置里，我一下子慌了，情急之下，我奋力把手往外拔。

那一刻，我痛彻心扉，鲜红的血已经浸湿了我的手套，巨大的恐惧吞噬着我，我一边大声呼救，一边用右手死死地抓住左手。工友们闻讯后赶到，关掉设备，把我的左手从装置里抽出来，并将我送到医院。

经医生诊断，我的左手中指因受到严重冲击而造成骨头撕裂，不好保住。当听到这一消息，父母责备我，女朋友也离我而去，我悔恨不已，痛恨自己的一次大意造成了这种结果。我央求医生一定要保住我的手指，经保守治疗以及近一年的休养，中指虽然保住了，但左手却丧失了劳动能力，后来厂里将我调入护厂班执勤。

这起事故，就是我自己没有严格按照操作规程操作，麻痹大意造成的。想想当时我才23岁，每天就只能在简单的工作中度过，心中无限惆怅。如果我能听同事的劝告，那么这次事故也许就不会发生，安全只有结果没有如果。所以，我要告诫那些刚参加工作的年轻人，操作冲压设备时一定要专注，不能溜号，这是用血和泪换来的教训。

事故分析 🔍

这是一起因安全教育培训不到位，作业人员违反操作规程导致的机械伤害事故。

1. 直接原因

员工程某某安全意识淡薄，未按照维修单体支柱的操作规程及标准作业，工作中东张西望忽视安全，在未停机的状态下将手伸入工作台，被冲杆顶到固定装置里导致左手残疾。

2. 间接原因

该能源集团矿山机械厂对员工日常安全教育培训不力，虽然车间副主任刘师傅详细交代了安全注意事项和安全操作规程，但作业人员在作业现场未严格贯彻执行，对待安全麻痹大意，风险识别能力差，缺乏自我保护意识；其他员工互保意识不强，发现程某某工作溜号未能及时纠正其违章作业现象。

一些机械作业的危险性是很大的，但一些使用这些机械的人员对此并不重视，尤其是工作时间长了，更不把危险当回事，将操作规程和要求抛在脑后，想怎么干，就怎么干。结果造成了不可挽回的恶果。例如上面的这个案例，就是因为不把危险当回事，在领导的强调下、工友的提醒下依然在工作时注意力不集中、我行我素忽视安全，从而导致了不幸的事件发生。手是我们身体很重要的一部分，我们的很多安全生产操作的条文，都是用曾经流过血的手写成的。我们千万不要再冒着失去手的风险去验证它的正确性。

✔ 正确做法

1. 必须认真贯彻有关安全规程，克服麻痹思想，牢固树立不伤害他人和自我保护的安全意识。

2. 使用的机器设备，必须符合质量要求，带"病"设备在修复达标前严禁使用。

3. 排除设备故障或清理卡料前，必须停机。做好压力容器安全管理，防止压力容器爆炸事故发生；各类压力容器作业人员，要严格遵守相关的压力容器安全操作规程和操作技术要求。

4. 检修机械必须严格执行断电、挂"禁止合闸"警示牌和设专人监护的制度。机械断电后，必须确认其惯性运转已彻底消除后才可进行工作。机械检修完毕，试运转前，必须对现场进行细致检查，确认机械部位人员全部撤离才可取牌合闸。检修试车时，严禁有人留在设备内时点车。

5. 人手直接频繁接触的机械，必须有完好的紧急制动装置，该制动钮位置必须使操作者在机械作业活动范围内随时可触及；机械设备各传动部位必须有可靠防护装置；各人孔、投料口、螺旋输送机等部位必须有盖板、护栏和警示牌；作业环境保持整洁卫生。

6. 各机械开关布局必须合理，符合两条标准：一是便于操作者紧急停车；二是避免误开动其他设备。

7. 对机械进行清理积料、捅卡料等作业，应遵守停机断电、挂警示牌制度。

8. 严禁无关人员进入危险因素大的机械作业现场，非本机械作业人员因事必须进入的，要先与当班机械作业者取得联系，有安全措施才可被同意进入。

9. 操作各种机械人员必须经过专业培训，能掌握该设备性能的基础知识，经考试合格，持证上岗。上岗作业中，必须精心操作，严格执行有关规章制度，正确使用劳动防护用品，严禁无证人员开动机械设备。

一味求快，失去了3根手指

当事者说

我叫张某某，是某钢铁有限公司轧钢厂机修车间的一名维修工。记得在2013年5月3日上午11时许，我和钳工李师傅在1250带钢生产线卷取区巡检时，听到2号卷取机小车在卸卷时有异响，便将这一情况分别向车间副主任和班长进行了汇报。

当时正是午餐打饭时间，一向性急的我便告诉李师傅："已经向领导汇报了，你在这儿等他们吧，我先下去看看。"

李师傅劝说道："张师傅，在没有互保人的情况下，你这样干是不是违章了？"

我冲他笑了笑，说："兄弟，都像你这样循规蹈矩，就不用轧钢了。车间领导不是再三强调，早发现问题就要早处理吗？我自己当心点就行了，你不说谁知道？"李师傅听了就没再阻止，留在原地等人。

我便独自下到2号卷取机1号步进梁底部西侧，看到卷取机正处于卸卷状态，于是右手打着手电筒，戴手套的左手扶着步进梁道轨查看小车动作情况，想早点判断出小车异响的原因。

正在我竖起耳朵认真辨听小车发出的异响时，没有注意到此时步进梁已经从北向南移动，当我感觉到手疼时，才发现扶在步进梁道轨上的左手已经被行走轮压住了。顿时，我整个人都傻了，惊声尖叫："坏了，我的手啊！"

李师傅等人听到喊声赶了过来，看到我被压在道轨上的手鲜血直流，赶紧采取止血措施，并将我送往市矿务局医院。此次事故，造成我除拇指和食指外的其他3根手指全部失去……

事故分析 🔍

这是发生在检修班组的一起因安全教育培训不到位，作业人员违章巡检而引发的挤压伤害生产安全事故。

1. 直接原因

维修工张某某不顾互保对子劝阻，一味求快，贸然独自查看设备故障，且违反安全管理规定，未进行停机就直接将左手扶在工作中的步进梁道轨上，符合《企业职工伤亡事故分类标准》中在机器运转时进行加油、修理、检查、调整、焊接、清扫等工作的条款。

2. 间接原因

（1）作业互保人李师傅明知张某某独自查看设备是违章作业，但仅口头制止，在张某某执意要自己去检查的时候，没有继续坚持实施事故防范措施，默认张某某的违章行为。

（2）事故所在作业区和班组存在日常安全教育缺失，现场安全监管和警示提醒不到位，职工作业前没有对现场作业环境及危险因素进行安全风险辨识等，符合《企业职工伤亡事故调查分析规则》中的教育培训不够，未经培训，缺乏或不懂安全操作技术知识的条款。

本次事故中的张某某为了早干完工作去吃午饭，不顾工友的劝导，冒险违章作业，马马虎虎、大大咧咧，殊不知"十次事故九次快"，这种"抢工期、赶进度"的心理，导致职工在作业过程中忙中出错，最终引发安全事故。当前，"谈起来重要，干起来次要，忙起来不要，不把安全规定放眼里"的习惯性违章行为在一些企业班组仍然存在。

所以，班组职工在从事各项生产作业任务时，都要时刻绷紧安全生产弦，工作再忙，都要纠正粗心大意、习惯性违章行为，不断完善制度、强化责任、加强管理、严格监管，不为"赶进度"而"赶走安全"。这才是一个健康、可持续安全发展的优秀班组应该拥有的情怀。

✅ 正确做法

设备巡检是利用人的感官及仪表、工具对设备进行检查，找出设备的异状，及时发现隐患，掌握设备故障的初期信息，以便及时采取对策，将故障消灭在萌芽阶段的作业项目。其目的是通过对设备的检查和诊断，尽早发现设备所存在的隐患和缺陷部位，判断并排除缺陷，进而确定故障修理的范围、内容，并且编制出精确、合理的备品备件供应计划和设备维修计划，从而做到"防故障于未然"，实施预知维修，保证设备和生产的正常运行。严格遵守《巡检岗位安全操作规程》是确保安全的前提。

1.上岗前，必须按规定穿戴劳保用品，带齐必要工具。

2.认真执行交接班制度，熟练掌握本系统的生产工艺、设备性能和巡检维护的技术，经考试合格后方能上岗操作。

3.必须严格执行双人巡检制，做到互相提醒、互相监督。

4.按规定路线进行巡检作业，检查设备时，身体各部位不得接触设备运转部件，严禁跨越设备。

5.严禁在设备附近休息或堆放杂物，必须经常保持设备、地面清洁。

6.上下楼梯必须手扶栏杆，楼梯走廊和平台上不准堆放杂物，楼梯有水、雪及油类物质，要及时清除干净。

7.巡检作业场所必须有足够的照明，要经常检查设备安全罩、防护栏、润滑油、压力表、电流表、设备开关等安全防护设施，确保其安全有效。

8.严禁设备带病运转，发现设备运转异常，及时报告上级领导并联系维修部门检查处理，并负责办理设备检修通知单和检修作业票。检修设备时，现场设备必须处于关停状态，所有开关打到零位，并挂好"有人检修　禁止启动"警示牌。

倒车惊魂，与死神擦肩而过

当事者说 »»»»

我从事原油押运员工作 20 多年了，工作中有许多难忘的回忆，那次让我差点丢掉性命的违章操作更是让我终生难忘，现在想起来后背还会冒冷汗。

记得那是 2017 年元旦，当我做完一天的原油押运工作，准备下班回家时，接到了单位领导让我加班出车押运的通知。我很不情愿地再次登上了高大的罐车。

当时北风在刮，雪花在飘，我和司机来到广袤的油井上，冻得直打哆嗦。为了能尽早回到温暖的家，我们加快工作进度，两个人冒着寒风，互相配合着，一边熟练地接管线，一边快速地装油，不到 40 分钟，就顺利完成了装油任务。然后开车一路疾驰行驶到卸油点，车还未完全停稳，我就快速地跳下车。由于一心想着尽早回家，我没有按照操作规程先指挥司机将车辆倒好停稳，而是风一般跑到了罐车尾部，打开上面的锁头，拿起卸油管线，放进打油池，准备立即实施打油操作。当时，尽管我明知司机从倒车镜无法看到我的身影，万一他往后倒车，我将会有生命危险，但我侥幸地认为我和司机配合娴熟，他一定能控制好罐车。

哪知就在这个时候，司机猛地往后倒车。听到车辆的轰鸣声，我下意识地回头看了一眼罐车。啊！躲不及了，苍天啊，我前面是一面墙，身后是往后行驶的罐车，我被夹在中间，往哪里跑？在这千钧一发之际，我选择了顺势蹲下。苍天有眼，由于罐车长，底盘高，底盘下那一点点空间容下了我。我迅速趴到底盘处，然后使劲从底盘侧面爬了出来。虽然在爬动中被车体擦伤了胳膊、大腿和后背，但庆幸的是，自己的命保住了。艰难地爬出罐车后，我深深地吸了一口气。咦，罐车怎么还在往后倒？再继续倒车，就会撞到墙上，造成财产损失。我大声呼喊着司机赶紧停车，岂料这呼喊声根本超越不了车辆的轰鸣声。于是，我忍着疼痛，快速跑到罐车前，让司机看到了我，罐车这才停下。我们到后面一看，罐车后保险杠离墙已不足一指。司机跟我说，他以为罐车与墙还有一段距离，为了尽快卸油，便开始倒车，但倒车镜被雪片遮住了，天也已经黑了，只能凭经验倒车，结果发生了这惊险的一幕。

与死神擦肩而过，我才真正顿悟出经验主义害死人的道理，工作中一味地求快更是事故的罪魁祸首。操作中严格遵守操作规程，安全才能伴你一生。这不是口号，不是形式，不是作秀，是用生命换来的经验教训。

事故分析 🔍

这是一起因安全教育培训不到位引发的车辆伤害未遂事故。

1. 直接原因

当事人为了早点下班赶回"温暖的家"，在实施卸油作业前违反《安全操作规程》，未等司机将车停稳就急于实施卸油作业，而司机也为了尽早结束作业，在视线不清的情况下，仅凭"经验"倒车，差点引发车辆伤害事故。

2. 间接原因

当事人对相关作业的《安全操作规程》缺乏敬畏感，使操作规程中的规定仅仅停留在大脑里，而没有形成其正确的行为习惯，一旦出现非正常工作状态，安全规定就被抛诸脑后。如此这般，在作业中发生事故就是迟早的事了，这也与墨菲定律相符。

"经验"对于解决作业过程中的"疑难杂症"往往能起到正面的推动作用，但如果是在涉及安全生产问题时，"经验主义"往往是害人的，关键还是在于作业者的安全意识，这就是所谓的"安全意识是根本"的道理所在。

✅ **正确做法**

汽油槽车进行卸油作业前相关准备工作的《安全操作规程》如下。

1. 检查卸油场地情况，确保卸油场地周边无火种，无其他人员。

2. 作业人员应穿着防静电服和鞋，禁止携带手机等非防爆的通信工具。

3. 引导运油车辆停靠在指定卸油场地，车辆停稳后熄火并拉上手刹，在车辆前后轮处安放防溜车设施。

4. 在距车辆前后部（无围墙、栅栏时）约2米的地面上摆放路锥。

5. 检查静电接地装置，确认装置完好。

6. 将静电接地夹接到油槽车专用接地端子板（距槽车卸油口不低于1.5米处），并确保连接紧密。

7. 在卸油现场上风处便于取放的位置，摆放1具4千克（或8千克）

干粉灭火器和1具35千克推车式干粉灭火器，展开推车式干粉灭火器的喷射软管。

8.对卸入油罐内的油量进行计量，根据油罐的安全容积，计算出油罐空容量，确保油罐空容量大于进货油品数量。

检修前未验电，严重烧伤

当事者说 >>>>>

1987 年 10 月，我高中毕业考入河北某发电厂，在电气检修分厂配电班当了一名检修工。配电班负责全厂高低压柜、高压电缆等电气设备的检修，作业风险极高。入厂第二年，发生在我眼前的一起触电事故，让我现在想起来还会心惊胆战。虽然过去了 30 多年，但事故的画面已永远定格在我的脑海里。

那是 1988 年 3 月 15 日上午，正值厂里 6 号机组小修第一天。开完班前会，全班同事头戴安全帽，身束安全带，全副武装来到 110 千伏升压站作业现场，工作负责人葛某某交代了工作任务和注意事项，大家便攀上 110 千伏线路开始作业。紧线完毕，在地面监督的葛某某通知我们可以扎接导线，我扎接完下层导线，准备翻越过下层横担时，突然听到线路下面有人大喊："咋了？咋了？"我往四周看了看，只见我前面变压器上的李师傅倒挂在上层横担下方，我以为他是在弯腰拿扎线。这样的动作我也经常有，也没多想，但顺着声音看去，只见葛某某从远处朝我这边飞奔过来，边跑边摆手边喊："不要上杆，线路有电，不要上杆，线路有电……"

听到喊声，我当时吓得两腿发抖，抱着电杆一动不动。葛某某跑到李师傅的杆下大喊，但李师傅没有回应。伴随着葛某某的喊声，线路下面聚集的人越来越多。我这时才清醒过来，李师傅被电击了。我抱着电杆，脑子里一片空白，不知道怎么办了。很快，杆下有两位师傅拿着绳索上杆绑住李师傅，把他从杆上解救下来，送往医院。

经过调查，得知事故经过是这样的。当天上午配电班进入作业现场，李师傅拿钥匙打开110千伏线路大门，大家先后进入。李师傅没有验电，也没有确认变压器是否断电，就攀上6号变压器扶手梯，把安全带系在设备上，当右手触及变压器高压侧相引线时，被电弧击伤。发现李师傅状态异常后，班长刘某某和专责工李某某急忙跑到近前，将他脱离电源，立即进行心肺复苏抢救，同时拨打120急救电话。幸亏救治及时，才保全了李师傅的命，但短路产生的电弧将他的右手、胸部、面部严重烧伤，留下了永久的烙印，给他今后的工作和生活带来了严重的影响。事后李师傅流下悔恨的泪水，他说："如果工作前验一下电，如果工作前看一下变压器开关是否断开，就不会发生这起事故了。"

直到如今，每当我想起那可怕的一幕，总是心有余悸，如果当时不是师傅们及早发现并提醒我，可能我早就不在人世了；如果我当时也加快动作，可能遭遇电击的就是我……当时会发生什么状况，我不敢往下想。在这里，我要真诚地提醒大家：工作时千万要按章操作，不能侥幸行事，不要盲目冒险蛮干，人的生命只有一次。

事故分析 🔍

这是一起典型的因安全教育培训不到位，电工违章作业而引发的触电事故。

1. 直接原因

事故的伤者作为高压电工，在实施检修作业时违反相关安全操作规程，在对 110 千伏线路实施检修前没有采取验电措施，也没有确认变压器是否已彻底断开，就用手去接触变压器高压侧相引线，导致被电弧击伤，引发触电事故。

2. 间接原因

当事人对相关作业的安全操作规程缺乏敬畏感，使操作规程中的规定仅仅停留在大脑里，而没有形成其正确的行为习惯，所在企业也没有将这种违章列为不可触碰的"红线"，如此这样，在作业中发生事故就是迟早的事了，这也与墨菲定律相符。

墨菲定律告诉我们，如果有两种或两种以上的方式去做某件事情，而其中一种选择方式将导致灾难，则必定有人会作出这种选择。所以对于一线作业人员而言，严格遵守操作规程，让作业标准成为习惯，让习惯符合标准就显得尤为重要。

✅ 正确做法

《高压电路检修安全操作规程》应该包括如下内容。

1. 线路维护应由有经验的人担任（当然前提必须是持有《特种作业操作证》的高压电工），禁止登上杆塔单人维修。

2. 线路停电检修要执行停电工作票制。停电后要在开关或刀闸操作场所上悬挂"线路有人工作　禁止合闸"的标志。

3. 维修负责人要正确组织好维修作业，所有维修人员必须听从维修负责人的命令，安全员不准离开作业现场并要做好监护工作。

4.高空作业必须使用安全带，登杆前应检查工具是否齐备合格，登杆是否牢固。

5.线路检修时，工作地段必须挂接地线，挂接地线时，应先接接地端后接导线端，接地线接地可靠，拆线程序与接线程序相反，拆接地线的人员应戴绝缘手套，人体不触及接地线。

违章剁药卷，炸伤5根手指

🔊**当事者说** »»»»

　　煤矿井巷开掘起爆，放炮员都要将人员全部撤离到100米以外有掩护的安全硐室后，才能连接雷管引爆线，炸伤自己的概率几乎为零。可在井下当放炮员13年的我，却因为习惯性违章炸伤了自己5根手指。

　　那是2012年4月17日下午1时30分，值班室通知我带班到104号掘进头上，将过断层垮落的一块体积约1立方米的大矸块爆破。类似工作，我处理过不少，只需在矸石上打设3~6个小眼，装上少许炸药爆破即可完成。

　　2个小时后，我们来到现场，在矸石上钻眼、放炸药和进行雷管填设、炮泥封孔，一切都在按部就班的进行中。可我在最后一个炮眼填放药卷时，发现炮眼的深度不够，炸药、雷管塞进去后，几乎占去了炮眼的全部空间，没有了炮泥封堵的富余量。

　　考虑到矸块体积不算太大，况且，中间部分已经封装了炸药，我按照多年"边眼用半卷炸药"的爆破经验，当即把已塞入孔内的炸药随手拔出，直接撕扯，想把整卷的炸药一破为二。可炸药的外皮柔性非常强，我费了好大的劲也没有扯断，我左右打量，想借用辅助工具来割断炸药卷。

也算事情赶巧，巷道的帮壁旁就放置着一把打设点子用的斧头。我忘了炸药里放着雷管，顺手拿起斧头朝着炸药剁去。炸药里的雷管受到猛烈的撞击后，内部发生质变直接引发爆炸。随着"嘭"的一声炸响，我拿药卷的左手5根手指瞬间血肉模糊，我发出"啊"的一声惨叫后仰翻倒地。

侥幸的是，半卷炸药的威力不大，没有引爆其他炸药，不然后果不堪设想。《煤矿安全规程》明文规定"严禁使用金属器械砸、剁爆破药卷"，我却把它当作了耳边风。我的剁药卷行为是彻头彻尾的习惯性违章，以前剁药卷没有发生事故，都是侥幸。

事后，当班的队长、瓦检员由于没有起到互保、联保、制止的作用，分别受到了解除劳动合同及罚款处罚，而我被处罚5000元，手指断伤后，给自己的工作和生活带来了诸多不便。"作为放炮员，在工作中一定不要存有侥幸心理；作为老同志，千万不要拿自己的那点'老经验'去干事……"我每次说起自己在那次事故的伤痛教训，想起当时的爆炸场景，都仍心有余悸。

事故分析🔍

这是一起典型的因安全教育培训不到位，放炮员习惯性违章作业而造成的安全生产责任事故。

1. 直接原因

放炮员违规使用斧头剁炸药。

2. 间接原因

该矿井安全生产主体责任不落实，制度不健全，安全管理人员履责不到位，安全教育培训不力。爆破作业人员专业技能不强，不能准确控制装填炸药量。

✅ **正确做法**

1. 领出的炸药、雷管，必须在火药库当面清点核对数量，炸药由生产班组背药工进行运送，背药工必须经过培训，并持有公安部门签发的证件，方可在放炮员监护下进行运送，背药工严禁背运雷管。

2. 运送的炸药、雷管必须分别装在非金属的绝缘硬质容器内并上锁，同一容器内严禁同时装运炸药、雷管及其他物品。

3. 不准用绳捆、手抱、衣袋装等方式运送炸药、雷管，中途不准逗留及在电气设备附近和人多的地方休息，禁止蹬坐煤溜、皮带或将药箱放在车上运送，并做到轻拿轻放，不准摔碰。

4. 装配起爆药卷必须在存放火药处进行，从成束的雷管中抽取单个雷管时，应将成束的雷管脚线理顺，拉住前端脚线将雷管抽出，并将其脚线扭结成短路。

5. 装配起爆药卷，只准用木、竹棍或铜质小圆棍在药卷顶部扎眼，将雷管全部插入药卷内，然后用脚线将雷管缠住，并将脚线扭结成短路。严禁将雷管斜插在药卷中部或捆在药卷上。

6. 乳化炸药往工作地点运送时，必须使用硬质的符合规程要求的专用药箱，整箱背运时不能超过一箱，零散背运不得超过 20 千克。

7. 制作起爆药卷和往炮眼内装药时，要轻拿轻放，防止揉搓。每个药卷装入炮眼时，药卷之间要挨近、密结。

8. 采掘工作面的控顶距离不符合作业规程；爆破地点 20 米范围内，未清除的矸、煤或其他物体堵塞巷道断面 1/3 以上、工作面未出净浮煤；

炮眼内发现异状、温度骤高骤低、有显著瓦斯涌出或出水、煤岩松散、出现"透老空"等情况时，都不准装药、放炮，并要立即汇报通风调度站。

9. 采掘工作面必须设有消尘设施，并严格执行放炮前后 30 米范围内冲洗煤岩帮、煤堆洒水制度，无水或无水炮泥不准装药放炮。

10. 装药时应执行以下规定。

（1）装药前必须将炮眼内的煤粉掏净。

（2）每眼所装炸药必须一次送入，殉爆药卷不准装盖药或垫药。

（3）封堵炮泥不可加压太重，以免药卷密度增大影响起爆，每个水炮泥长度应达到药卷长度的 1/2。

（4）工作面控顶距离符合规定，不得留有伞檐。

（5）用木质炮棍将药卷轻轻推入，不得冲撞或捣实。

11. 在采煤工作面，可分组装药，但一组装药必须一次起爆。

第五章

应急管理过失引发的事故

应急管理是在应对突发事件的过程中，为了有效降低突发事件的危害，达到优化决策的目的，基于对突发事件的原因、过程及后果的分析，有效集成各方面的相应资源，对突发事件进行有效预警、控制和处理的过程。其作用就是减少和规避生命及财产损失，使安全关口前移，体现社会责任，提升安全文化水平。班组应急管理主要是针对班组工作范围内的危险源、危险因素、安全隐患等，预测可能发生的事故，制定出相应的应急预案，并定期进行有效演习和持续改进。

班组应急管理的特点有三个：管理的重要性、岗位的危险性、应急的有效性。班组长是班组应急管理的第一责任人，对本班组应急管理负全面责任；负责组织全班职工学习本企业、本岗位所有应急预案，特别是逃生线路、紧急集合地点、报警电话、急救方法等；负责组织救人、逃生、报警等演练，并对演练效果进行评价和改进；本班组发生突发事件后，立即向直接上级汇报，并组织班组全体员工化解风险、消除事故、组织救人和逃生，集中后清点人数，发现未到者及时向上级汇报。班组员工应掌握："一图"——逃生路线图；"一点"——紧急集合点；"一号"——报警电话号码；"一法"——常用的急救方法。

打眼作业遇险，不及时就医差点酿大祸

📢**当事者说** »»»»»

2014年12月20日下午2时整，某煤矿掘进三队地面值班队干部张某主持召开班前会，安排了本班工作任务，分析了上一班存在的问题，重点强调了本班安全注意事项，提醒职工注意安全。班前会后，掘进三队生产二班班长唐某带领职工举旗乘坐人车入井，很快就到了该矿东翼石门。

作业之前，该班班长、安监员、瓦检员一起进行了"敲帮问顶"安全确认和现场隐患处理，确认无误后，才允许职工进入碛头作业。下午6时36分，顶板掉落的一块矸石突然砸中正在进行打眼作业的李某某。班长唐某和其余班员闻讯后，立即跑过来询问李某某的情况："有没有事？要不要紧？需不需要立即向矿调度室汇报，安排专车来拉你出井？"李某某试着转动了一下头部，感觉不是很痛，以为没事，便大声说："没什么大事，不要紧！"听说没事，班长立即安排李某某去推碛头上急需用的矿车，约莫半小时后，李某某感觉身体越来越不舒服，被砸中的头部好像快要裂开一样。征得班长唐某许可后，李某某独自一人下班。来到411人车下平台时，李某某再也坚持不住了，他立即向矿调度室要机车，好拉自己出井。出井后，李某某被迅速送往市医院，检查结果出来后，在场的护送人员和

213

医生着实吓了一大跳："若不是送来及时，后果将不堪设想。"经医院全力抢救并做手术后，李某某最终度过了危险期，脱离了生命危险，目前李某某已伤愈出院。

后来李某某想：职工在井下作业中受伤，无论伤情大小，都应该在第一时间迅速利用就近的电话向矿调度室汇报。若是因为当时不是很痛，感觉不要紧，伤情加重后才汇报，就可能错过最佳治疗时机，后果将不堪设想。职工在井下作业时，必须时时刻刻绷紧安全之弦，时时刻刻紧盯现场细节，时时刻刻规范自己的行为，坚决按章作业，才能够避免发生悲剧。

事故分析 🔍

这是一起发生事故后当班管理人员未能妥善处理，差点酿成大祸的案例，是因现场无序施工作业，作业人员未有效识别风险，而发生的意外伤害事故。

1. 直接原因

现场管理人员违反《煤矿安全规程》第六百八十条煤矿发生险情或者事故后，现场人员应当进行自救、互救，并报矿调度室。现场生产管理混乱，劳动组织不合理，当出现员工可能受伤的情况后，现场管理人员只是简单询问并未上前查看伤情，现场处置不到位。

2. 间接原因

现场管理人员监督检查不到位。该班班长、安监员、瓦检员一起进行了"敲帮问顶"后还有矸石掉落，说明没有认真清理。

总之，此次矸石事件李某某虽然最后脱离了生命危险，但也给我们提了个醒，作为区队的管理人员，必须增强现场应急处置能力。作为现场负责人的唐某，必须加强对自己员工的监管和关怀，确保工人在井下能安全工作，平安升井。

✅ **正确做法**

打眼操作规定：

1. 打眼前，班组长要组织职工每间隔 15 分钟进行一次"敲帮问顶"，详细检查工作地点顶帮、围岩及支护情况，用不短于 1.2 米的长柄工具摘掉活煤石块，整理加固原有支护。处理活煤石块，必须在可靠的临时支护的掩护下进行，不准空顶作业和冒险作业。够锚杆距离时要立即打锚杆。

2. 班组长必须负责详细检查围岩的节理发育情况，若发现险石、活煤要及时处理。如果处理困难或有危险时，不能盲目处理，必须根据现场实际情况及险石、活煤所在部位，用临时支柱支护好后方可打眼，在打眼时应尽量避开此处，并随时检查确保打眼安全。

3. 打眼前，首先打开风水阀门，将风水管路吹洗畅通，然后将锚杆机或风钻油壶内灌满机油，并检查锚杆机或风钻进风水口有无堵塞物，如有堵塞物时，必须先清理冲洗干净，再将风水胶管与锚杆机或风钻连接牢固，然后打开风水阀门检查风水胶管有无跑风、漏水现象，若有时必须重新绑牢，然后方可打眼。打眼过程中，要随时检查连接情况，如有松动必须及时拧紧，防止风水胶管脱落伤人。

4. 在打眼过程中，如遇突然喷水或眼内回水变大、变小，甚至全无或煤岩突然变软，要立即停止钻进并进行检查。如果透出裂隙水并且涌水量较大时，不要拔出钎子，要立即停止工作，撤出人员，汇报调度室和有关单位。在打眼过程中，如突然停风应立即将钎子拔出，以免因无风钻架下落，风钻将钎子压弯变形，锚杆机下落歪倒伤人。

5.井下出现人员受伤情况时，管理人员应该立即上前查看伤情，积极组织安排伤者升井，并入院检查，待医生确认无受伤情况后方可返岗。

违章排炮，炸瞎双眼

当事者说 >>>>>

我的同事王师傅是川东地区某国有煤矿的一名矿工，今年 36 岁。他为人豪爽，参加工作 10 多年来，一直从事井巷掘进工作，还连续担任了近 10 年的班长，带出许多有技术、有本事的徒弟。在矿上，他以工作经验丰富、技术过硬、吃苦耐劳、善打硬仗而著称。

然而，就是这样一位拥有技术标兵、先进工作者等称号的班长，却在 2011 年 8 月 5 日的一次违章作业中，被炸瞎了一双明亮的眼睛，他从此陷入无穷无尽的黑暗之中。

记得那天他上中班，带领班组 7 名职工提着工具来到井下主大巷掘进碛头实施掘进爆破作业。下午 2 时 30 分左右到达掘进工作面以后，他们发现上一班留下了一个哑炮眼子，一个工人想捡便宜马上用掘进风锤开钻原来的炮眼子。王师傅立刻训斥道："你想找死吗？"他上前观察情况后，决定掏出哑炮里面的雷管和炸药。为防止意外事故发生，他叫现场工友们尽量离远一点，撤到安全位置。接着，他自己找来工具从哑炮眼子里慢慢地先掏出水炮泥，再掏出半筒炸药，并将雷管拉了出来。凭着以往的工作经验，他认为这个哑炮眼子中已没有炸药和雷管了，不可能有爆炸的危险，稍微钻一下就可以再装药放炮。于是，他就自己端起风锤对准原钻眼钻了起来。

悲剧就在这一刻发生了。他提着风锤钻了还不到1分钟，就听到"轰隆"一声，飞石扑向他的面部，他倒下了。现场工友们见此险情发生，迅速将他救起送至医院。

后来，煤矿领导想尽一切办法抢救他，但也只保住了他的性命，他那双充满智慧的眼睛却永远失去了光明，他变成一个盲人，家里失去了主要的经济来源，昔日和睦温馨的家再也找不到了，只有痛苦的泪水在流淌。

王师傅说，他做梦也没有想到会让自己孩子的稚嫩双肩过早地承受着生活的压力，连入学的学费也要靠矿上众人献爱心捐助……他后悔当初不该图省事不按《煤矿安全规程》操作，他恨自己空有一身过硬的本领却永远无法再使出来，给企业造成巨大的经济损失，给家庭带来沉重的拖累和痛苦。当时，如果不是图省事，不凭工作经验蛮干，一切都不会变成现在这个样子……

事故分析 🔍

这是一起典型的一味地凭工作经验蛮干，严重违反相关安全操作规程而引发的人身伤害事故。

1.直接原因

王某违反《煤矿安全规程》第三百五十七条中装药前，必须首先清除炮眼内的煤粉或者岩粉，再用木质或者竹质炮棍将药卷轻轻推入，不得冲撞或者捣实和第三百四十七条中爆破作业必须执行"一炮三检制"和"三人连锁爆破制"的规定，王某擅自一人排炮，只凭经验违章蛮干。

2. 间接原因

工作面劳动组织不合理。该工作面采取"放交班炮"的组织方式，对出现的哑炮没有做到当班处理，或当班不能处理没有向下一班交接清楚，造成下一班人员在处理时，难以掌握瞎炮的准确药量和填入雷管数量，为处理哑炮留下安全隐患。

此次事故里的王某虽然保住了性命，但是他却永远失去了光明。这足以说明事故的危害性，试想，如果当时他们整个班的人都没有撤到安全位置，后果是很严重的。因此，必须牢固树立安全第一、预防为主的思想，按照上述的事故预防措施把预防瞎炮作为今后爆破作业的重要工作之一，才能避免此类事故。

✅ 正确做法

检查人员发现盲炮和其他险情，应及时上报处理。其方法是：

1. 处理盲炮前，应由爆破领导人定出警戒范围，并在该区域边界设置警戒线，处理盲炮时无关人员不准进入警戒区。

2. 安排有经验的爆破员处理盲炮，硐室爆破的盲炮处理时，应由爆破技术人员提出具体方案，并经单位主要负责人批准。

3. 电力起爆发生盲炮时，应立即切断电源，及时将直炮电路断路。

4. 导爆管网路起爆发生盲炮时，应首先检查导爆管是否有破损或断裂，发现有破损或断裂的修复后重新起爆。

5. 不应拉出或掏出炮孔和药壶中的起爆药包。

6. 处理裸露的直炮，可去掉部分封泥，安放新的起爆药包，加上封泥起爆。如发现炸药受潮变质则需销毁，并重新敷药起爆。

工作时"睡岗"，被积水"惊醒"

当事者说 >>>>

在煤矿生产中，我觉得技术过硬、责任心强才能安全。我之所以这么认为，和那起刻骨铭心的"积水"事件有关。

2012年7月13日，我走上工作岗位。经过一个月的培训，我被分到矿上区队轮岗实习。2013年6月1日，我又被分配到综采队实习，队长安排我跟着生产一班了解采煤工艺。

那天，我接到通知，要上夜班。我之前从没"颠倒"过作息时间，白天根本睡不着，可值夜班的时候就会打瞌睡。因为我是新人，班前会上班长安排我跟着电工认识设备、了解采煤工艺。我为了保持清醒，就在工作面穿梭。

第二天，我的工作任务是在进风顺槽临时水仓排水。面对从未接触过的工作，我内心十分忐忑不安：到底该怎么操作，不会惹出什么乱子吧？师傅耐心地强调着操作要领："当水位达到1.5米时，按下真空磁力启动器启动按钮，打开管路闸阀；随时巡查管路有无跑、冒、滴、漏现象，潜水泵底部有无反水情况……当水位降至0.3米时，关闭管路闸阀，按下真空磁力启动器停止按钮。"师傅一边讲解一边示范，随后我便独自上岗了，当班顺利完成了排水工作。

第三天，我的工作任务又是在进风顺槽临时水仓排水。前半夜，我按照师傅的叮嘱一板一眼地操作。可是一个人死守在硐室内，面临枯燥单一的工作环境，慢慢地睡着了。睡梦中的我高兴地捡着钱，突然钱没了，惊醒后发现水位已达1.6米。我匆忙站起来打开管路闸阀、按下真空磁力启动器启动按钮，潜水泵运转了大约3分钟后突然停止，紧接着真空磁力启动器掉电，管路连接处被高压水流冲开，主排水管里的水不断地流入巷道。我被吓得不知所措。当我回过神来时，水已经漫过脚面，巷道里积了一大片水。

我回想起巷道里有载波电话，便迅速飞奔过去："师傅，快来临时水仓，巷道里有积水。"师傅赶到后，一边拉响警报，疏散井下作业人员；一边启动紧急装置，连接管路，把积水引入临时水仓。16分钟后，险情终于排除了。

看到满头大汗的师傅和正在疏散的人员，我很愧疚，因为我不遵守劳动纪律、操作不当导致停产，造成损失。所幸那次"积水"事件只是发生在临时水仓，如果发生在中央泵房，后果不堪设想。如今，事情已经过去近10年了，可"积水"事件还时常浮现在我的脑海里。"身体过硬、技术过硬才能安全"，从那时起我便重学习、多积淀，做到心中有制度、操作有依据、岗位能安全。

事故分析 🔍

这是一起新员工因违反劳动纪律睡岗引发的巷道积水事故。

1. 直接原因

新员工对作息时间以及公司的管理制度存在一些不适应，在工作中睡岗。

2.间接原因

区队指导服务意识差，没有实行新员工实习政策，安排老师傅带领新员工上岗，导致新员工单岗作业。

新员工进入新的工作环境，安全意识比较淡薄，对岗位、工作环境不熟悉，对新的事物存在一些好奇心理，面对新的环境、住宿、饮食、作息时间以及公司的管理制度存在一些不适应，从而引起心理变化，产生恐惧心理，做出一些不安全的行为，导致事故的发生。

✅ 正确做法

1.新员工初入工作环境，对一些安全规则不是很熟悉，在安全方面缺少必要的安全培训，所以安全知识的普及对于员工能安全高效地完成本职工作十分重要。

2.新员工在一个陌生的环境，难免会出现短时间的不适应情况，比如，不清楚公司的布局结构、不清楚某项工作的操作规范等，这些都容易使员工陷入迷惘，因此，对新员工的入职技能培训十分重要。

3.新员工初入新环境，心理和生理上难免会"水土不服"，这个时候会影响到员工的工作效率，所以对新员工多一些关怀对于公司的发展尤为重要。

安全未确认，差点要了命

当事者说 >>>>>

我叫曹某某，在湖北某公司提升车间担任维修工。

10年前的一天，我和同事邓师傅正在值夜班，凌晨3时许，车间调度员打来电话，告知井下 −550 米中段放矿漏斗振动电机烧坏，需要立即抢修。我和邓师傅赶忙来到井下放矿硐室，抢修前叮嘱放矿工不要启动皮带机和电机。

一切准备就绪，我和邓师傅爬上1米多高的皮带机，蹲在放矿漏斗底板下开始维修。大约1个小时后，振动电机抢修好了。为保险起见，我们准备将振动电机的每根螺丝杆都用电焊焊牢，以免振动电机螺钉松动后掉落到皮带上。由于电焊机的电源开关安装在放矿硐室的配电柜中，我就坐在放矿皮带上叫邓师傅去接通电焊机电源。邓师傅下去走了几步就停下来，隔着皮带对放矿硐室内的放矿工喊道："送电焊机。"

就在这时，意外发生了，放矿皮带突然运行起来，我被皮带运行的惯性带倒，皮带拖着我一起运转起来，更要命的是振动电机也启动了，电动机上的甩坨呼呼地转动着，放矿漏斗发出沉闷的"咚咚"声。

我吓得惊声大叫："快停！快停……"可是皮带仍在运行。我情急之中使尽全力，用双脚死死顶住放矿漏斗底板下面的横梁，任皮带在我的背部摩擦。此时我知道只要我的脚一放松，就会被皮带运进振落的放矿漏斗，然后被砸成肉饼。就在我快要筋疲力尽时，皮带和放矿漏斗终于停了下来，一身泥水的我无力地瘫倒在皮带上面，只感觉背部火辣辣地疼……

事故分析 🔍

这是一起典型的未严格按照设备停送电标准流程作业，导致出现误送电而引发的未遂事故。

1. 直接原因

（1）事故当事人曹某某直接坐在放矿皮带上的行为符合《企业职工伤亡事故分类标准》中攀、坐不安全位置（如平台护栏、汽车挡板、起重机吊钩）的事故原因分类标准，导致放矿工错把"送电焊机"听成了"送振动电机"而启动放矿皮带机和振动电机时，发生了危险。

（2）《企业职工伤亡事故调查分析规则》明确规定，凡安全防护装置（防护、保险、联锁、信号等）缺少或有缺陷，属于"物"的直接原因。本次事故班组存在安全隐患排查不彻底、安全联锁和紧急停电装置缺失的问题，导致皮带机在因误送电动作的情况下，当事人无法在第一时间将皮带机停止。

2. 间接原因

根据《企业职工伤亡事故调查分析规则》中的分类规定，本次事故中该公司和班组对职工的日常安全教育不到位，导致职工安全意识淡薄，安全防护技能差，工作中出现直接坐在放矿皮带上的违章行为。

对于一个家庭，安全意味着幸福；对于一个企业，安全意味着发展；

对于社会，安全意味着和谐。

这起未遂事故是曹某某年轻时在曾经的检修岗位上的亲身经历。虽然曹某某机智自救捡回一条命，但至今想起来仍让人脊背发凉，心有余悸！虽然定性为未遂事故，但其教训仍然深刻，必须加以高度重视，认真从中吸取教训。因为其背后反映出部分企业班组日常安全管理混乱，职工安全意识淡薄、违章违制现象屡禁不止，这些现象形成连锁反应，最终必然诱发事故。

作为一线班组职工，我们应该时刻牢记树立安全红线意识，在日常生产作业过程中，始终严格遵守相关的安全法律法规及企业的安全规章制度，严格执行岗位安全标准化作业流程和安全操作规程，时刻保持清醒的头脑去认真落实安全防范措施，真正做到"四不伤害"，确保安全生产。

✅ **正确做法**

皮带机由输送带、驱动部分（电机、高速联轴器、减速器、低速联轴器）、滚筒（传动滚筒、改向滚筒）、托辊、张紧装置、卸料装置、清扫装置、制动装置组成。为规范皮带机的日常管理、维护、检修，保证皮带机正常拉运，以及检修人员的人身安全，应严格执行《皮带机检修工安全操作规程》的相关要求。

1. 检修人员上岗时，要确保精力充沛，并按规定穿戴好劳动防护用品，戴牢硬质安全帽，带全所需检修工具。

2. 检修作业地点需安设安全防护设施，确保支设稳固、安全、可靠，所有作业项目必须由班长检查符合要求后，方可进行检修作业。

3. 检修设备前，要办理检修确认，必须将皮带机电源断电并闭锁，要设专人进行监护，并挂上"有人工作　严禁送电"警示牌，严格遵守"谁挂牌、谁摘牌"。电气设备的停送电必须严格执行"谁停电、谁送电"的规定。

4. 检修人员应严格执行"三紧"的着装要求，在巡检设备时，不得进入皮带机里侧，跨越皮带机必须经桥，观察转动部位时，身体任何部位与转动部位保持不少于 300 毫米的距离，严禁对运转中的设备进行任何检修工作。

5. 检修人员应严格执行巡回检查制和设备点检标准，逐条逐项进行检修作业，确保运转部件连接紧固，各机械部件转动平稳无异常，并按要求填写检修记录。

6. 检修完毕开机试运转前，跟班班长必须安排专人巡视检查机头转动部位、机架，确认皮带上无人工作或无障碍物，并向沿途及机尾人员发出开机信号，得到回复信号，方可开动皮带机。如收到不明信号、晃动灯光时，均视为停机信号。运行中出现问题，必须及时查明原因进行处理，消除隐患。

7. 更换大件时，要设置专门的现场安全负责人，要实行跟班作业，统一指挥，协调好现场工作，确保安全。

8. 检修过程中必须注意头部及脚下，确保在安全条件下进行检修作业，如确有不安全因素，待处理完安全隐患再进行检修。

9. 皮带机机头、机尾等处的安全防护栏、防护罩等安全设施必须齐全、完好。

10. 工作场地周围要确保充分的照明，做到清洁卫生，无积煤、无油迹、无积水、无杂物等。

11. 皮带机机头、机尾处于 2 米及以上高度时，要严格执行《高空作业规程》，工具及材料备件等物品严禁放在平台的边缘以防坠落，如需站在架板上作业时，必须有专人监护，架板应稳固，操作人员必须站稳后再工作。

12. 多人参加检修作业时，必须由施工负责人统一指挥，施工人员不得自行作业。

两次违章，让工友失去了左眼

当事者说 >>>>>

"咚，咚，咚！"每年的平安夜钟声响起，我都会祈祷天下人平安幸福。因为18年前的平安夜，我违章操作，导致工友左眼球被摘除，成了不平安夜。我为此深深地自责，将用一生来忏悔、赎罪、祈祷。

我姓朱。2003年12月24日，寒风凛冽。我上夜班，班长安排我带班去2号钻窝将钻机就位。钻孔开口较高，需要将1吨多重的钻机机身垫高，按照作业规程需要"在钻机上方打起吊锚杆才能作业"。我一心想着赶紧干完活下班和女朋友一起过圣诞节，为了节省时间，就找了两根铁丝，挂在钻机上方的钢带梁上，想着"吊起一点点距离，够道木插进去就行"。

同班的工友徐某某等经我劝说，也为了早点收工，不再阻拦我，"配合"我违章开干了。钻机被慢慢地吊起来，一切进行得那么顺利，我内心不由得"佩服"自己的智慧。

就在我们往钻机下塞道木时，"叭"的一声，铁丝断了，钻机一下掉了下来，压在刚垫了一半的道木上，侧翻了过去，重重摔在地上，液压油溅了满地，顺着巷道向下流。吓得脸色苍白的我们互相看着，发现都没事后，长长地舒了一口气。"抓紧时间把钻机弄起来，别被领导发现，耽误下班，这次可不敢用铁丝了，还是老老实实地打锚杆吧！"听了我说的话后，徐某某建议："要不咱们先把巷道的油冲冲吧，别再把人摔着了。"

我不耐烦地说："一会儿下班出去的时候，顺带收拾收拾就行了，先干活，别影响下班。"工友们也没再说什么，"呼哧呼哧"地打锚杆。

准备收工的时候，突然听见有人哭喊，我们赶紧跑过去查看，发现是同在该地区掘进施工的工友李某某躺在地上，他双手捂着左眼，鲜血顺着指缝往外流，哀号不止。原来他往工作面扛物料路过这里时踩到地上的液压油滑倒了，脸被巷道边上的铁丝划出一道口子，眼睛也受了伤。惊慌失措的我们赶紧上报调度室，迅速将伤者送往医院。经过救治，工友的脸上缝了 14 针，那只严重受伤的左眼球只能摘除。

检讨会上，我深刻地认识到如果当时不为省事用铁丝、不嫌麻烦及时冲刷巷道，就不会使李某某受到如此严重的伤害，一步错步步错，任何道歉和赔偿都显得那样苍白无力，这个违章操作引发的惨痛教训使我终生牢记，也给其他工友提了个醒，这可是带血的悲剧啊！

事故分析 🔍

这是一起典型的因未遂事故处理不及时，应急管理不到位而引发的责任事故。

1. 直接原因

员工朱某及队友临时使用不牢固的设施致使机器液压油渗漏到地面，朱某为了早下班，发现隐患后不及时处理，最终导致现场作业环境湿滑引发事故。

2. 间接原因

该队员工自保、互保、联保意识差，现场没有实施事故防范措施，忽视现场隐患整改。

排除隐患也是企业保证安全生产的一个重要方面。我们发现现场隐患后一定要及时正确地去处理解决，因为那些隐患很容易从我们眼皮底下一略而过，很多时候，从隐患变成事故往往就是一瞬间而已，所以我们要提高隐患处理能力，将事故扼杀在萌芽之中。

✅ 正确做法

1. 司钻人员必须了解本机构造和机械性能，熟知本机的《安全操作规程》。

2. 钻机的工作面应平坦、稳固，当在倾斜地面工作时，履带板下方应用楔形块塞紧。禁止在斜坡上横向钻孔作业。

3. 开车前，对钻机各部应进行全面检查。

4. 起落滑架时，严禁一切人员在滑架下端停留或工作。

5. 滑架升起与下落的操作相似，只是电机回转方向相反。当不起落滑架时，注意必须将移动齿轮脱离啮合状态并加以紧固，以免发生意外。

6. 钻机平台必须平整、坚实、牢靠，满足最大负荷 1.3～1.5 倍的承载安全系数，钻架脚周边一般情况下，要保证有 50~100 厘米的安全距离，临空面必须设置安全栏杆。

7. 加强安全教育培训管理，特别是企业主要负责人、安全管理人员和特种作业人员要持证上岗，熟悉岗位职责，做好自保、互保、联保。

8. 做好应急预案制定、演练，以及应急救援物资、设备的配备及维护。

第六章

安全风险管控不力引发的事故

安全风险管控就是指通过识别生产经营活动中存在的危险、有害因素，并运用定性或定量的统计分析方法确定其风险严重程度，进而确定风险控制的优先顺序和风险控制措施，以达到改善安全生产环境、减少和杜绝生产安全事故的目的而采取的措施和规定。安全风险是指因为人类的生产活动，可能产生的导致人员伤亡、财产损失的事故，如机械行业可能带来的人体伤害风险、化工行业可能带来的人体中毒危险等。实施班组安全风险管理就是对安全风险加以识别、评估，并采取与之相对应措施的一系列活动，把危及生产、设备、财产和人身及环境的安全风险识别出来并公布，采取措施进行有效管控。安全风险管控是预防事故的第一道防线，新《安全生产法》要求各类生产经营单位落实安全风险分级管控和隐患排查治理双重预防机制。以下案例所讲的事故，就是在作业前没有进行安全风险的分析与评估，缺少应对措施，使风险演变为隐患，而隐患最终酿成了事故。

工作量超负荷，蛮干致手指受伤

当事者说 》》》》

　　长期在煤矿井下工作，我们接触的设备、设施、材料等都有可能导致我们受伤，而每次受伤总伴随着违章、精神状态不佳、着急下班等因素。我以前在基层区队工作的 10 多年里，虽然只受了几次轻微伤，但教训深刻，至今记忆犹新。

　　还记得那是 13 年前，我刚调到采煤一队上班不久，当天早班，我们班组被安排到一个新工作面，对钢梁支架进行整改。由于地质压力，原来的钢梁支架被压得东倒西歪，巷道也变矮了许多，所以需要对变形的钢梁进行更换、摆正，这就是维护巷道支护的一项工作。对此项工作，我从来没有接触过，也没有工作经验，而班长却安排每个人负责整改 4 架钢梁支架，自己的任务必须自己干，干完就可以下班。

　　不熟悉的环境，不熟悉的工作，加之当时的工作量较大，心情一下子就变得紧张了。"这个怎么改啊？我一个人怎么抬得动那 100 多斤①的钢梁？一个班的时间改得了 4 架钢梁吗？"心里的牢骚一下子就出来了，但是

———————————

①　1 斤 =0.5 千克。

235

班长安排工作又公平，我只能拿起工具不情愿地干了起来。

开始时无从下手，只好看工友怎么干。看到别人都干得挺顺手，自己的工作却完全没有进展，本来就不舒畅的心情更加郁闷起来。不知道多久才干得完？不知道下班前能完成工作任务吗？心里除了抱怨就是生气，但活儿还是得干下去。第一步工作是把原来变形的旧钢梁取出来，好不容易挖了一根出来，已经是满头大汗，我心不在焉地用力拉着100多斤的钢梁，准备拖到一边堆码好。"哎呀，我的手被压了一下……"伴随着我的惊呼声和一阵钻心剧痛，我的手套瞬间被鲜血染红了。我把手从手套里拿出来一看，右手食指全是血。在工友的护送下，我很快被送到了矿医院。

经 X 光照片，幸好无骨折伤，但手指表皮层被严重挫伤，处理伤情的医生建议不用麻药，直接把挫伤的皮肤去掉，消炎后就能慢慢好起来。随后，医生用镊子把挫坏的皮肤去掉时，疼得我差点昏过去，一根手指前段没有了皮肤，变成了鲜红的一段血肉，指甲也几乎要掉落，工友见此情景都被吓坏了。

带着撕心裂肺般的疼痛，我回到家中休养。当时，心里居然还有点庆幸：我这是工伤，不用干活，工资可以照拿，还可以天天休息，有什么不好。可现实很快让我高兴不起来，十指连心的痛让我当天晚上没有睡着，天亮了的时候，刚刚睡着又被痛醒。接连几天，痛得无法入眠，还要吃药、输液、换药，这样的"带薪休息"我宁可一辈子也不要了。

经过十来天的治疗，手指的伤情恢复得很快，勉强能够上班，但受伤的手指头依然不能用力，指甲已经掉了，新指甲还要更长的时间才能长出来。

事故分析 🔍

这是一起因井下作业安排不合理而导致员工带着不良情绪上岗、作业过程中违章蛮干引发的意外伤害事故。

1. 直接原因

员工对班长安排的工作感觉无法完成，从而出现消极情绪，将情绪带入工作中，最终心不在焉出现失误导致受伤。

2. 间接原因

（1）因为受伤员工刚调到采煤一队上班不久，从来没有接触过此项工作，也没有工作经验，区队不应安排无对应职业技能人员上岗工作，区队培训管理不到位。

（2）班长工作安排不合理，未考虑新员工是否能胜任工作便安排单岗作业，且工作量超负荷。

分析本次事故的原因，主要是由于员工心浮气躁，不能沉下心来干活，在搬动钢梁时没有按操作规程来操作，幸好没有造成严重后果，不然个人和班组、连队将会受到更大的损失。

"既来之则安之"。在这里要奉劝大家一句，心气不顺是工作中最大的祸根，特别是在高危区域作业，我们要时刻保持心平气和、谨慎小心、按章操作的工作心态，只有这样，才能确保自身不受伤害。

✔ 正确做法

1. 坚持以人为本、营造和谐的工作氛围。首先管理者要牢固树立"以人为本"的管理，要充分发挥员工的主观能动性，为员工搭建展示才能的平台、畅通为企业献计献策的渠道，并为他们创造良好的工作氛围和团结、互助的和谐工作环境。

2.管理人员要带着感情抓安全。虽然制度是刚性的，但是生搬硬套地执行制度会引起员工的逆反心理，使制度的执行遇到较大的阻力。相反，如果对员工晓之以理、动之以情，员工的负面情绪就会随之减少，制度就容易得到执行，所以作为管理人员，要理解制度、掌握考核办法，学会既坚持原则又不乏灵活的处事方式，要将员工当作自己的亲人，去关心、爱护、批评教育，不能事事靠制度、考核去解决，要将刚性的安全制度与灵活的处事方式紧密结合起来，确保员工思想情绪的稳定。

3.合理调配员工的工作时间和劳动强度，避免疲劳作业。长时间的紧张工作会使员工的心理调节和行为反应失常，情绪烦躁，工作责任心会随之大打折扣，事故发生的概率也会提高。因此，管理者应合理安排员工的工作时间和休息时间，避免长时间连续作业和加班。

4.加强员工思想教育和安全教育。作为管理者，加强员工安全思想教育十分必要，要深入一线开展调查研究，了解员工的思想状况，准确掌握不同时期、不同阶段、不同环境下员工在想什么、干什么、需要什么、有什么困难，通过开展员工走访和谈心活动，了解员工的家庭状况，建立完善的帮扶救助机制。积极开展有利于员工身心健康的文体活动。同时，还要加强员工的安全知识、职业技能、法律法规等方面的教育，组织员工学习各类安全事故案例，转变员工的安全观念，增强其自我保护意识和群体防护水平。

鼠洞未堵留隐患，设备不关酿惨祸

当事者说 >>>>

曹某某曾在煤矿从事电焊工作 30 余年，现已退休在家安度晚年，直到如今，他一提起 21 年前那起鼠洞未堵致人死亡的事故，还久久不能释怀。

那是 1996 年 7 月初，曹师傅在四川省某国有煤矿机电队从事电焊作业。有一天，他发现电焊房周围全被老鼠洞打通了，急忙向队上进行了汇报。队长安排曹师傅抽空弄点水泥和沙子堵好。曹师傅是单身职工，当时因为急着回家收割麦子，便再三叮嘱徒弟小王，千万记着把鼠洞堵好。他的徒弟小王是参加工作才 3 年的年轻工人，生性好玩，对师傅的安排并没有引起足够重视，加之师傅一走，没有人督促也就忘记了。

这时已是 7 月上旬，正值雷雨季节。一天凌晨，一场持续了 3 个多小时的暴雨山洪过去后，小王便急着赶到电焊房上班。刚打开门伸脚往门槛里一踩，立即倒在地上不省人事。

隔壁一名电工听到"咣当"一声，赶紧出来查看，发现小王头朝门外，脚在房内直抽搐，顿时感到情况不妙。电工赶紧叫喊："快来救人啊！"当同事们赶到电焊房门口时，看到满屋都是积水。这名电工断定水里有电，立即跑向配电房关上总闸。待同事们从地上扶起小王时，人已经没有了呼吸。

事故发生后，矿上安全技术人员通过对事故的现场勘察分析，认为酿成这次事故的主要根源在鼠洞。他们在电焊房周围一数，共有 14 个口径有茶盅大小的老鼠洞，全部通向房内。暴雨时，房屋后面山坡洪水汹涌流入水沟，而水沟排水不畅，洪水便一个劲地顺着鼠洞流进房内。电焊房里，小王事发前一日下班时又忘记关上电焊机的电源闸刀，电焊机放在地上，便酿成大祸。

这事虽已过去 21 年了，但那"鼠洞不堵酿惨祸"的深刻教训对曹师傅来说是那么刻骨铭心。他时常在想，如果当时自己能够暂缓几天回家收麦子，先把鼠洞堵上；如果小王当初听了自己的话，及时堵好鼠洞，就可以避免一起死亡事故，就能够挽回一条年轻鲜活的生命。

回忆这起惨痛的事故，曹师傅想说的是：警惕啊，工友们！工作和生活中的"鼠洞"每时每刻都潜伏着危险。

事故分析 Q

这是一起因生产场地环境不良，并且员工没有执行《电焊房安全管理规定》而引发的触电事故。

1. 直接原因

（1）王某没有对曹某某安排的堵好电焊房周围老鼠洞的工作给予足够重视，雨季降雨量大，雨水灌入了电焊房，使设备漏电。

（2）王某下班时忘记关电焊机的电源闸刀，电焊机又放在地上，留下严重的事故隐患，最终电焊房进水漏电。

2.间接原因

（1）该煤矿机电队安全生产主体责任落实不到位，对雨季"三防"落实不到位，对电焊房隐患排查不力，安排工人整改隐患，却未按照规定对从业人员进行安全生产教育培训和考核，致使从业人员安全意识淡薄，违规放置设备。

（2）现场安全管理缺失，曹某某对徒弟王某没有起到安全教育的监督作用。

千里之堤毁于蚁穴，一个鼠洞酿成惨祸。安全无小事，任何小的失误都会引发严重后果，我们做人做事千万不要粗心大意，要遵守工作规章制度，完成工作后再认真仔细检查一遍，千万不能遗留隐患，不然就有可能付出生命的代价。

✅ 正确做法

电焊机作为一种带电使用的机电设备，存在一定的人身安全隐患。为了切实保障电焊机使用者的人身安全和电焊机的正常运行，必须严格遵守电焊机的操作、使用、维护的规章制度。

电焊机及电焊房的管理规定：

1.持有电焊操作特殊工种证的人员方可使用电焊机。

2.电焊机使用采取点定位的方法，使用完毕必须放置在规定地点。

3.使用电焊机的人员负责对设备进行检查维护。

4.电焊线使用完毕必须收回并由使用者保管。

5.电焊机外壳，必须有良好的接零或接地保护，其电源的装拆应由电工进行。电焊机的一次与二次绕组之间，绕组与铁芯之间，绕组、引线与外壳之间，绝缘电阻均不得低于 0.5 兆欧。

6.电焊机应放在防雨和通风良好的地方，焊接现场不准堆放易燃、易爆物品，使用电焊机必须按规定穿戴劳动防护用品。

7.在雨季之前、在雨季之中，甚至在雨季之后，电焊房管理者一定要加强室内外用电设备设施的检验、检测工作，以及电焊房周围的安全检查工作，确保用电设备设施的完好性，从根源上杜绝建筑破损隐患及设备涉水触电事故。

8.应当建立事故隐患的报告和处理制度。发现隐患应当立即消除，而不能贪图方便，置之不理或随意处理。

违章驾驶，无辜工友被撞伤

当事者说 »»»»

我叫张某某，今年44岁，是鲁西地区某国有煤矿的一名电机车司机。前不久，我因违章驾驶将一名工友撞伤，被矿上给予留用察看6个月的处分。那次违章经历令我后悔不已、刻骨铭心。现在，只要一听到有人在工作中偷懒、耍"小聪明"违章作业，我的心里难免要颤抖一番，主动去劝导别人。

那是5月9日夜班，矿上-950西翼胶带大巷有两个队伍当班，掘进一队负责施工迎头，辅助一队负责后路二次支护。我负责用电机车一次推送14辆料车进行运料，在送到迎头料场后，需先将一队两辆料车摘下，再将剩余12辆料车拉到后路支护的料场。

电机车有里外两个驾驶室，按照规定，向里面推车时，驾驶员要坐在电机车推车位置驾驶室，即最里面的驾驶室；而在向外面拉车时，驾驶员应该坐在拉车位置驾驶室，即最外面的驾驶室，这样才能保证驾驶的视线角度，实现安全驾驶。

接到迎头用料通知后，我用电机车一次将14辆料车推送到了迎头料场。在工友将一队两辆料车摘下后，我偷起了懒，没有起身移到外面拉车位置驾驶室就驾驶机车，将剩余 12 辆料车拉向后路支护料场。

凌晨 1 时 50 分，电机车运行到料场喷浆机处。辅助一队杨师傅正在检查路旁的喷浆机搅笼，喷浆机的轰鸣声让他没有察觉到侧后方驶来的电机车。就在电机车驶过的一瞬间，杨师傅被挤在机车与喷浆机之间，并被运行的机车带到前方喷浆机的振动筛上。突如其来的机车和剧烈的疼痛让杨师傅不知所措，只好大声呼救。

视线角度受限的我感到机车有异常，像是剐碰到了什么东西，紧接着听到有人呼喊，我立即意识到情况不好，赶紧停车查看，这才发现杨师傅躺在喷浆机振动筛上，连忙上前施救。不远处的其他工友听到喊声也都迅速赶了过来，大家一起动手把杨师傅送到医院。

经医生检查，杨师傅肋骨、腿骨多处骨折，在医院治疗了 3 个多月，并造成矿上直接经济损失 2 万元。

对此，我深感愧疚，对自己的违章行为痛恨不已。矿上对我给予当月绩效考核分数扣 20 分及留用察看 6 个月的处分，矿运输工区负责人、专业管理部门和安全监管部门管理人员分别给予扣 10 分、8 分、5 分的绩效考核分数，同时分别受到记大过、记过、严重警告的处分。

事故分析 🔍

这是一起员工思想麻痹，安全意识淡薄，图省事违章驾驶电机车而引发的人身伤害事故。

1. 直接原因

现场作业人员张某某违章驾驶电机车，向里面推车时图省事，没有移位到拉车位置驾驶室驾驶，因视线受阻在行车过程中将料场喷浆机处作业人员挤伤。

2.间接原因

（1）现场管理混乱。当班工人张某某违章驾驶电机车的行为未得到现场安全员的有效制止。

（2）隐患排查治理工作不到位。隐患排查治理规章制度不落实，日常安全管理不严不细。事故电机车设计不合理，电机车驾驶员在推车和拉车时不在一个驾驶室内驾车便会出现视线受阻情况，需要更换驾驶室，这里面存在安全隐患。

（3）煤矿企业安全生产主体责任落实不到位。安全管理监督检查不力，隐患排查不及时、不彻底，职工安全培训教育不到位。

对于煤炭企业来说，在抓安全生产的过程中要不得半点小聪明，这个事故足以让人深思。众所周知，煤矿生产必须安全为先，只有安全工作扎实有效才能促进生产顺利进行。然而员工在安全问题上，总想体现出自己的小聪明，为自己一次违章作业没出问题、偷工减料没被发现而沾沾自喜，甚至还有人不惜以自己的亲身体会向别人传授小聪明。殊不知，在安全工作上并没有捷径可走，每一条规章都是用血和生命写成的，要小聪明的人蒙蔽了自己的双眼，无形之中又为安全埋下了定时炸弹，一旦爆炸，后果难以想象，甚至付出生命的代价。

◎ 正确做法

1.进一步提高全员安全意识。要加大事故案例的宣贯力度，全面提升作业人员按章作业、自我保护的意识；提高班组长和带班队长按章指挥、安全管理的意识；加强当班安全员现场监察、主动排查安全隐患，保障员工作业安全的意识。

2. 加强员工岗位风险辨识和管控。重点抓好员工班前风险预想和风险评估，认真开展当班作业活动中岗位危险源辨识和风险评估，组织员工严格执行风险控制措施。并在生产过程中切实做好动态评估和控制工作。

3. 强化现场作业安全管理。严格落实各级人员的责任，加强作业规程和安全技术措施的落实，特种作业人员必须持证上岗，坚决杜绝顶岗、串岗、离岗现象。

4. 严格执行岗位标准作业流程。加强煤矿岗位标准作业流程宣贯和执行，要将岗位标准作业流程作为保障员工生产安全的重要抓手，指导和监督员工在工作中严格遵循，切实做到"上标准岗、干标准活"，坚决消除违章作业行为。

不按流程管控，起重机差点侧翻

📢 **当事者 说** 》》》》

我是安徽某机械化大修厂负责塔式起重机拆除作业的一名兼职安全员，10 年前的一个圣诞夜，由于我的耳朵根子软，听不得好话、软话，坚持不了基本原则，差点酿成惨剧，这一幕让我至今记忆犹新。

记得那次是在南京市郊区拆除塔式起重机，虽说是冬季，但那几天天气特别好，如同阳春三月，拆除作业也很顺利。圣诞节那天下午 4 时左右，我们已将塔式起重机"元宝梁"的连接螺栓拆除了一半。按照当天工作计划，此时可以收工了，等第二天上午 M2250 履带吊进入拆除施工区域，再将"元宝梁"吊起放到零米处，拆除作业便可全部结束。

就在我们准备收拾工具下班时，不知谁嘀咕道，就剩最后一吊了，干完后直接去卡拉 OK 厅唱歌！此时，大伙儿纷纷赞同，有的说明天可以睡个懒觉，再说了现在下班也太早了。刚开始项目经理没有同意大伙儿的请求，他考虑到 M2250 履带吊进场后要变换工况，需要 2 个多小时，再就是晚上光线也不太好，安全风险较大。可是大家都拍着胸膛打包票说，变换工况轻车熟路，手脚再麻利一点，一定能在天黑之前把"元宝梁"放到地面。

就在项目经理犹豫不决之时，他接到起重机操作工的电话，操作工恳求道，明天要去喝喜酒，今晚就把"元宝梁"吊下来吧。并提出为了节省时间，不用改变工况，用起重机和50吨履带吊抬吊就行了。技术员看了看作业场地，又算了算力矩分配，告诉项目经理，操作工提出的双机抬吊方案没问题，是可行的。

我作为塔式起重机拆除作业的兼职安全员，提出异议："临时改变作业方案，要报请公司审核批复，双机抬吊是大型作业，按照安全规定必须办安全作业票。再说了，晚上视线不好，风险增大……"我的话还没说完就遭到众人的反对，有人说我死搬教条主义，有人说我胆子小，怕担责任……望着对我极度不满的大伙儿，我大脑一片空白。项目经理走过来拍拍我的肩膀说，大家过节的心情迫切，别往心里去，他心里有数，不会出事的。说完他就忙着协调起重机去了。我耳朵根子一软，心里想，既然项目经理都说心里有底了，我这个兼职安全员也就不好再坚持下去喽。

夜幕降临时，拆除最后一颗连接螺栓，起重工发出起吊信号，"元宝梁"缓缓脱离塔机。当转向的口令刚刚发出，M2250履带吊的安全报警器便响了，只见起重机整体倾斜，此刻险象环生。我大喊一声："不好，停止转向！"随即，我抱起一根长道木，飞奔过去，把道木塞到已悬空的起重机履带下面。这时大伙儿也慌了神，纷纷扛来道木，铺垫在履带四周，减缓了起重机倾斜速度。

由于需要的道木很多，附近的道木全部用上还不够，我们又跑到1千米开外的组合场去借。两千多根道木，每根100多斤重，我们10个人，吃力地扛来搬去，搭设"井字架"进行应急处理。直到凌晨时分，险情才逐渐排除，"元宝梁"安全降至地面。望着疲惫不堪和衣躺下的大伙儿，我为自己没有坚持原则，没有据理力争而后悔。假如不是发现及时，补救措施得力，那就是一次无法想象的安全事故！

吃一堑长一智。从这以后，我执行安全规章制度丁是丁，卯是卯，据理力争；查安全隐患，一是一，二是二，眼睛容不得半粒"沙子"。在抓安全工作时，我也经常把此次经历当成"案例"来教育大家，时刻唤醒自己和大伙儿的安全警觉性。

事故分析 🔍

根据当事者描述，这是一起典型的现场管理人员和员工违章作业，安全员不履行职责而造成的起重伤害未遂事故。

1.直接原因

项目经理明知改变工况需要重新编制作业方案并履行必要的报批手续，但出于侥幸心理和经验主义作祟，在没有充分论证作业现场安全防范措施是否到位的前提下，擅自同意实施具有相当风险的"元宝梁"拆除作业，差点发生塔式起重机侧翻起重伤害事故。

2.间接原因

（1）兼职安全员原则性不强，未能照章履行职责，制止这起违章作业。

（2）项目经理和所在班组成员忽视相关安全操作规程和规章制度，利己主义思想占据了上风。

（3）思想麻痹，盲目自信抢进度。

从未遂事故可以看出，临时变更作业方案，不经过审批、论证，犯了经验主义错误，是争时间抢进度、诱发事故的主要原因。这类未遂事故大部分表现为：光考虑自己的利益得失，思想注意力不集中，盲目迷信自己的经验；技术人员在判断临时调整的起吊作业方案时，忽视了安全系数和不确定因素，使得防止事故发生的"防火墙"一个个被击穿，事故的发生就成了必然。

✓ **正确做法**

起重作业是一项极具安全风险的作业。每一类作业、每一类起重设备都有严格的《安全操作规程》，在从事起重作业前必须根据作业现场情况，开展风险识别和隐患排查，严格按照有关操作规程编制作业方案，并向安全管理部门申请作业票。技术人员在评估起重作业方案时应充分考虑现场包括照明在内的各种安全条件是否具备，严格执行起重作业"十不吊"的规定。如果工况发生改变，必须重新评估作业条件，重新编制作业方案，重新申请作业票并重新审批方可作业。

工作前未验电，手臂过电

当事者说 >>>>>

　　我是河南某煤矿一名机电维修班班长，每次和新入职的职工谈起电气检修作业，总不忘说"'忙归忙，切勿乱'，千万别养成'疏忽一时'的作业习惯"。这和9年前我在工作时因习惯性违章被电击中的那起事故有关。

　　那是2012年6月的事。那天开完班前会，我像往常一样，换上工作服、背起工具包，与工友高师傅一起去主、副井绞车房巡检设备。刚到主井绞车房时，我接到了班长的电话："职工食堂的电烤箱突然出现故障，你去维修一下吧，急等着用呢。"

　　我刚赶到职工食堂，食堂工作人员就催促我说，需要烤制的食材已经加工好，放置的时间久了口味不好，需要尽快检修完。

　　我一边"嗯嗯"应着，一边用万用表等仪器对烤箱各个元件进行检测，寻找故障原因，初步判断是发热器故障，需要将发热器拆卸下来更换一个新的。按照平时的维修习惯和经验，我果断地拉下了配电箱里与烤箱插座相对应的空气开关。

　　"换上个新的发热器就可以了。"我一边对食堂工作人员说，一边直接打开烤箱拆卸发热器。就在螺丝刀碰到螺丝的一瞬间，我的手臂忽地一麻，不由自主地叫起来。我猛地将手臂一甩，迅速脱离了螺丝刀，可心怦怦地跳个不停，好几分钟才"还魂"。一旁催促我的食堂工作人员也吓得脸色苍白。

检查发现，我断掉的配电箱里的空气开关与烤箱的插座电源并不是一一对应的，烤箱依然是带电的。

我庆幸自己"幸亏手甩得快，还穿了绝缘鞋，没有造成什么严重的后果"，如果我在检修作业前，能严格按照电工《安全操作规程》里"工作前必须验电"的规定，认真地用验电笔进行验电操作，确认烤箱是否断电，就不会发生这次触电事故了。在事故反思会上，我作了深刻检讨并进行反思，无论什么时候，干什么活，工作任务有多紧，都必须严格遵守《安全操作规程》，做好安全确认，落实好安全防范措施。

事故分析🔍

这是一起典型的在接线错误的情况下，电工违反操作规程习惯性违章作业引发的触电未遂事故。

1.直接原因

（1）该食堂严重违反了《低压配电设计规范》中的接线规定，使配电箱里的空气开关与烤箱的插座电源不对应，导致维修人员误判断。

（2）未严格履行工作职责，员工习惯性违章操作，检修作业前未严格按照电工《安全操作规程》里"工作前必须验电"的规定，认真地用验电笔进行验电操作，确认烤箱是否断电。

2.间接原因

（1）现场管理存在欠缺。检修现场没有安排人员实施现场安全监督，非检修人员进入现场，并且催促检修人员，给检修人员工作造成一定的影响。

（2）安全教育不到位，员工安全意识淡薄。电工竟然也会触电？很多人感到震惊，在大家的印象里只有不懂电的人才容易触电，电工是专业人员怎么会触电呢？其实不然，专业并不代表安全。俗话说"善游者溺，善骑者坠"，同样，电工也很容易触电，安全意识对于任何人都同等重要。

✓ 正确做法

1. 全面排查单位内所有配电箱里的空气开关与烤箱的插座电源是否一一对应。严格按照国家相关规定接线，不得随意乱接私接。

2. 全面排查治理习惯性违章。依据相关管理办法、标准和《电力安全工作规程》中的要求，在员工中全面开展习惯性违章的自查自改和治理工作，要求岗位员工必须深刻剖析习惯性违章行为，做到自身排查与相互监督相结合。同时，各级领导干部要认真履行岗位职责，严格落实、执行安全工作规程的有关要求，强化检查指导，集中力量治理和消除习惯性违章行为。

3. 强化电力制度执行情况的监督考核。加强员工对《电力安全工作规程》等规章制度的掌握，要求员工在工作中必须严格落实各项制度规定，一旦发现员工存在违反规定的情况，要严肃处理。

4. 深入开展作业风险排查防控工作。组织员工再次对工作所涉及的作业风险进行全面排查，将以往遗漏或未重视的作业风险查找出来，组织骨干人员开展风险评价，制定出可操作性强、切实有效的风险削减控制措施，在工作中严加落实。

5.组织员工开展事故反思活动。组织各级员工开展此次事故的大反思活动，详细通报事故的经过，以安全经验分享的形式来警示员工，使员工深刻认识到严格执行《电工安全操作规程》的重要性和必要性，时刻绷紧安全这根弦。同时要举一反三，深刻吸取此次事故的教训，还要加强对员工专业知识和安全技能的培养锻炼，杜绝各类安全事故。

疏通原煤未停机，差点失去一条腿

当事者说 >>>>

　　睡梦中的我再次被皮带机上那可怕的瞬间惊醒。待缓过神来，我才明白这不是梦，是我在煤矿工作时一次违章作业的片段。

　　那是8年前的一个中班，我在某煤矿综掘队施工的风巷开皮带机，当时是将刮板输送机运送出来的原煤，转载到我开的皮带机机尾上，就可以送到煤仓了。

　　那天，由于掘进工作面迎头渗水，造成刮板输送机上拉出来的原煤相对更潮湿，不时粘积在皮带机机尾处。为保证皮带机正常运行，我时不时小心地站在刮板输送机的一侧，用铁锹向里捣击机尾处积压的原煤进行疏通。按操作规范这是必须停机清理的，但当时我想，这样一来会浪费时间影响生产，更何况工友多次这样操作从来没有发生过安全事故。

　　离下班只剩下1个小时左右，我在捣击粘积的原煤时，发现常用的铁锹手把有些松动，就顺手拿起旁边的铁钎子捅。没想到用力过猛，不慎将钎子卡在刮板输送机机头的刮板下，还没反应过来，我就被铁钎子掀翻在运行的刮板输送机上。

　　"啊！"我惊恐万分地惨叫一声。不远处，正弯腰仔细检查刮板输送机机头运转情况的朱师傅，赶紧按下刮板输送机的"停止"按钮，跑到我身边查看情况。

"腿，我的腿……"我斜着瘫软在刮板输送机上，右大腿被钎子死死压着。在痛苦的呻吟声中，我听到朱师傅说："好险！此处离刮板输送机机头处不足1米，如果停机再延迟1秒钟，后果将不堪设想。"

我吓得出了一身冷汗。这时，掘进工作面的工友们听到我的叫声，也迅速向这边跑来，一齐拗弯钎子后，小心翼翼地将我的右腿抽出，紧急把我送往医院治疗。

这次事故造成我的右大腿严重骨折，再也无法从事重体力劳动。前来探视的朱师傅告诉我，在区队事故责任追究会上，队长、跟班副队长、班长一一作了深刻检讨，并按规定受到了相应的经济处罚。我听了心里很是不安。这次事故完全是由于我习惯性违章操作造成的。每当我想起出事故的那一幕，仍心悸之余，悔恨不已。从那以后，我不仅时时处处按章操作，还把事故教训告诉每一名新工人，让他们主动做到自保、互保、联保。

人们常说：违章不一定出事故，但事故必出自违章，尤其是习惯性违章。尽管我们天天讲、日日学，但还是事故不断，原因就是这些事情简单，蒙蔽了我们的眼睛，麻痹了我们的思想，使我们失去了警惕，从而导致事故的发生。我们要从中吸取教训，对照检查类似的情况和隐患，避免类似事故的再次发生。

事故分析 🔍

这是一起典型的皮带机司机违章进行清理作业引发的机械伤害事故。

1. 直接原因

该煤矿综掘队员工安全意识淡薄，违反《皮带机操作规程》中的"皮带运行时严禁清扫设备、地面；调整皮带时要注意安全，不得在转动的滚筒上清理杂物，以免发生人身事故"的规定。伤者抱着侥幸心理，用铁锹向里捣击机尾处积压的原煤进行疏通，严重违反了《安全操作规程》。

2. 间接原因

（1）该煤矿综掘队在安全管理和安全教育方面，平时考核得少，管理抓得不严，从而影响了职工的安全意识和对安全工作的重视程度，导致员工习惯性违章操作。

（2）部分设备防护设施不全。

✅ 正确做法

为加强皮带运输管理，规范卫生清理操作行为，员工应遵守以下规定。

1. 皮带机运行时严禁清理机头、机尾滚筒、机架、皮带下方及附近卫生杂物，严禁调整皮带的清扫器，严禁用铁锹或其他工具清理滚筒及托辊等转动部位上的煤泥，严禁做与皮带转动部位相关的任何工作，严禁跨越皮带，严禁闲杂人员靠近皮带转动部位。

2. 皮带机头、机尾、中部进行清理及清扫滚筒、托辊等转动部位时，皮带机必须停电闭锁挂牌，并安排专人看守。清理工作完毕后，皮带机解锁送电，同时通知人员离开转动部位。当皮带清理完时，按照程序进行解锁送电开机、停机停电闭锁循环作业。

3. 清理工上岗后必须按规定穿好工作服，衣帽整齐，衣袖、裤脚系好、扎好。

4. 清理工在清理作业时严禁单人作业，需由 2 人以上进行清理工作，并明确一名安全负责人。工作时，清理工应做到正确站位，由安全负责人负责监视煤流情况，防止大块矸石滚落伤人。在轨皮合一的巷道清理作业时要由安全负责人负责监视轨道运行情况，及时躲避进入安全地点，清理时严禁绞车提升运输。

5. 皮带清理后，皮带机启动前应点动 2 次，间隔时间不得低于 1 分钟。皮带电控系统应具备预警延时启动、沿线急停、系统联锁及沿线通信功能。

6. 井下所有皮带机的机头部及机尾转载处、煤仓（溜煤眼）上口、各放煤点等部位必须采用封闭式防护装置，该防护装置只有在设备检修时可以打开，运行期间严禁打开，防止人员误入。在运输机巷道机头、机尾、各转载点、各放煤口等处悬挂"设备运行、严禁清理"的危险警示牌，防止人员靠近。

7. 井下皮带机、刮板输送机的机头卸载及机尾转载处、煤仓（溜煤眼）上口、各放煤点必须安设充足的照明及红色警示灯等，必须安设固定电话且能正常使用。

8. 机头、机尾必须设沉淀池，沉淀池大小能满足每天生产班次的生产需要（机头清扫器直接进入煤仓的情况除外）。

违章停送电引发的触电烧伤

当事者 说 »»»»

我叫高某某，是某钢铁公司的一名退休职工。60年前，一场突如其来的事故降临到年仅22岁的我头上，它改变了我的人生命运和家庭环境，至今仍追悔莫及。

我清楚地记得1962年7月中旬的那天，变电站进行部分电路维护检修。班长张师傅对我说："小高，你带上小李，去帮助1号变电柜内的人员拆需更换的开关去。"我二话没说，就带上小李来到了1号变电柜旁。

当时，1号、2号变电柜相向而立，没有设置安全隔层，且2号变电柜处于工作状态。由于急着完成任务，我没多作考虑就迅速进入1号变电柜内。没想到一旁的小李竟鬼使神差地拉错了一个闸刀，"轰"的一声，一个火团突然从2号变电柜内喷出，向我的上身扑了过来，我下意识地伸出双手，又触到了2号变电柜内的闸刀上，随即倒地昏死过去。看到我被电击，小李和赶来的工友急忙把我送往公司医院抢救。由于烧伤面积达40%以上，且3度烧伤达30%，加上手指触电造成的伤害，我又马上被转往北京烧伤专科医院治疗。

我经历了太多的治疗痛苦，多次产生轻生的念头。父亲见我情绪低落，怕我想不开，便辞去工作，全身心地照顾我一年多。两年后，单位考虑到我的伤情，将我转岗到了门卫。一时间，我无法接受这样的现实。我是多么热爱我的变电工岗位啊，都是事故让我离它而去，我好恨那次事故。

事故分析 🔍

这是一起典型的因违章停送电引发的触电烧伤事故。

1. 直接原因

（1）根据《企业职工伤亡事故分类标准》中操作错误（指按钮、阀门、扳手、把柄等的操作）的原因分类规定，学员李某在未与作业互保对子进行安全确认、未进行呼唤应答的情况下，私自操作拉错闸刀开关。

（2）根据《企业职工伤亡事故分类标准》中开关未锁紧，造成意外转动、通电或泄漏的原因分类规定，当事人高某某缺乏自我安全防范意识，在进入1号变电柜前未与互保对子李某进行现场安全确认，未对相应的控制开关进行联锁，就盲目进入变电柜内作业。

2. 间接原因

（1）根据《企业职工伤亡事故调查分析规则》中的分类规定，本次事故中的所在企业和班组对职工的日常安全教育培训不够，未经培训，缺乏或不懂安全操作技术知识，导致职工安全防护意识缺失，安全防范技能差。

（2）检修作业时，所在企业和班组未按规定在1号和2号变电柜之间安装隔离层，继而引发其因本能反应伸手触碰2号变电柜内的闸刀造成二次触电伤害事故，符合《企业职工伤亡事故分类标准》中无安全保险装置的分类规定。

（3）根据《企业职工伤亡事故调查分析规则》中劳动组织不合理的原因分析分类规定，本次事故所在班组的班长在进行工作安排时，对安全操作交底不细，安全注意事项和安全措施落实不到位，且安排刚刚参加工作的学员李某进行互保作业，导致动态联保落实不到位。

这起惨痛的触电烧伤事故告诉我们：班组安全无小事，任何一个细小的疏忽都有可能酿成不可挽回的伤害事故。在班组日常生产作业过程中，安全防范意识与技能培训、现场安全隐患的排查与整治、现场安全措施的布置与落实、安全保护装置的完善、安全互保联保的确认、安全标准化作业流程与安全操作规程的严格执行等一样都不能少。只有这样，我们才能确保班组安全生产，才能让每一个组员远离安全伤害事故，才能拥有一个健康的身体，才能享受幸福和谐的家庭生活，才能更好地报答父母、报效我们的企业和国家。

✅ 正确做法

变电检修作业是负责检修、更换、调试、维护断路器和隔离开关，维修变压器、变电柜及互感器等变电设备，使其安全质量得到保障的作业项目。进行变电检修作业时，应该严格执行《变电检修专业现场安全措施规范》的相关规定。

1.严格持证上岗和执行工作票制度

（1）作业人员必须做到持证上岗并严格执行作业审批手续。

（2）变配电室电气设备的操作人员，应随时携带电工特种作业人员证书或复印件，其中在高压变电设施值班和运行人员应取得高压电工证；在受送电装置上作业的电工还应经过电力部门组织的培训考试，取得电工进网作业许可证。

（3）变配电设施进行检修作业前，须办理检修工作票，并经过批准；变配电设施进行倒闸作业前应办理倒闸操作票，并经过批准。

（4）敷设临时用电线路，必须办理临时电线安装批准手续。

2. 严格执行变配电检修作业前的安全准备及相关要求

（1）作业人员必须按着装要求穿戴好工作服、绝缘鞋、安全帽等劳动防护用品，带电检修和倒闸作业应戴绝缘手套，长发应盘在安全帽内，袖口及衣角应系扣，防止触电、烫伤事故的发生。

（2）每班作业前，应检查变配电室门窗，防止小动物进入变配电设施；检查安全用具等是否完好，发现故障和问题，立即处置或上报。

（3）倒闸作业前应在模拟板上进行倒闸步骤的验证，确认后方可进行作业。

3. 严格执行变配电检修安全操作规程

（1）停电检修线路的电源开关手把上应挂"禁止合闸 有人工作"标志牌，必要时加锁固定。

（2）停电线路经验电无误后方挂好接地线。

（3）雷电时严禁倒闸操作。倒闸作业时应由两人进行，一人操作，一人监护。认真执行监护复诵制，逐项命令、操作、检查、确认，逐项标记记录，确保准确无误。

（4）工作中离带电设备较近时，必须按规定装设临时隔离栏、遮栏或护罩，并悬挂"止步，高压危险"的警示标志牌。

（5）检修运转设备时，必须切断该设备电源，并挂"禁止合闸"标志牌。

（6）线路安装应按照规范执行，严禁乱拉乱接。临时线路装设，应经安全环保部门同意并办理手续，并由专人管理，用毕应断电或拆除。

（7）更换和装卸熔断器，应切除电源，特殊情况不能切除电源时，应在没有负荷的情况下进行。

（8）对高压设备带电装、卸熔断器时，必须戴绝缘手套并尽量使用绝缘钳或绝缘棒，站在绝缘垫上操作。对低压设备带电装、卸熔断器时，要戴绝缘手套与防护眼镜。

4.严格执行《变配电检修安全应急处置方案》

（1）发生紧急事故时，可不经许可或根据命令采取应急措施，断开有关设备电源，但事后应马上报告上级领导。

（2）不得直接接触设备带电部位，不得无故改变设备运行状态。

（3）在保证自身安全的情况下，可使用绝缘工具等迅速使触电者脱离电源。

（4）触电者脱离电源后，对触电人员应先救后搬，搬动时要密切注意触电者的变化。应首先对触电者进行检查，根据检查情况按伤势轻重采取不同的救护方法；对呼吸微弱者，由医务人员进行现场人工呼吸或心脏按压抢救，并立即拨打120急救电话，送医疗机构抢救。

（5）如触电者未失去知觉，应让触电者在干燥、通风、暖和的地方平卧休息，并严密观察其神志、脉搏和心跳。

（6）如触电者已失去知觉但尚有心跳和呼吸，应使其舒适地平卧着，解松衣服以利呼吸，四周不要围人，保持空气流通，冷天应注意保暖，立即送往医院救治。

（7）若发现触电者呼吸困难应立即施行人工呼吸，对出现呼吸、心跳停止的伤员，应立即就地进行人工心肺复苏。在等待"120"救援或送往医院的过程中，不要停止对伤者的抢救。

安全距离不够，脚趾被砸断

📢 **当事者说** 〉〉〉〉〉

我叫柴某某，在河南某集团有限责任公司锌业五厂从事炉前工作。因为一次习惯性违章，我的脚趾被渣斗砸断一节，血淋淋的教训让我在安全操作方面不敢再有丝毫大意，吊装渣斗作业也成了我的"心病"。

那是 2016 年 4 月的一天，我在 2 号合金无芯炉工作。炉台上大块颗粒加完之后，行车工便吊起渣斗向炉台下指定区域下落。我站在下面落吊，但没等渣斗落稳，我就习惯性地向前准备去卸掉渣钩，根本没想到危险正悄悄逼近。

原来炉前工在挂吊时，把渣钩倒挂在底部的铁链上。在渣斗接触地面的一瞬间，渣钩松弛，渣斗便随着惯性突然向我的方向扣了过来。我赶紧向后躲避，但由于距离太近没能完全躲开，渣斗重重地砸在我的右脚上。我惊叫一声连忙蹲下身去，双手迅速抓住脚腕，痛感传遍全身，第二根脚趾渐渐失去了知觉。我急忙解开鞋带，慢慢把脚抽出来，发现大脚趾和第二个脚趾都皮肉绽开，血流不止。同事们听到我的喊叫声，赶紧跑过来帮我止血，并把我送到医院。

医生对我的伤口进行检查和处理后，发现我的第二根脚趾前端骨头已经粉碎，必须从脚趾前端1/3关节处截掉。幸好当时我穿的劳保鞋起了作用，不然大脚趾也很难保住。我难以接受这个事实，妻子也不知为此背地里哭了多少回。

事故分析 🔍

这是发生在炉前班组的一起典型的因习惯性违章作业而引发的起重伤害生产安全事故。

1.直接原因

（1）当事人柴某某在配合行车落吊时，未严格执行《起重机安全使用的实施规程》中关于"起重机吊运重物时，不能从人头上越过，也不要吊着重物在空中长时间停留，在特殊情况下，如需要暂时停留，应发出信号，一切人员不要在重物下面站立或通过"的规定，在起吊物尚未完全落地放稳的情况下，习惯性靠近渣斗去卸钩，符合《企业职工伤亡事故分类标准》中在起吊物下作业、停留的条款。

（2）炉前工在挂吊时，违章将渣钩倒挂在底部的铁链上，出现吊挂钩不当，符合《企业职工伤亡事故分类标准》中起吊重物的绳索不合安全要求的条款，导致渣斗在接触地面的一瞬间，渣钩松弛，渣斗倾倒，将当事人右脚扣砸受伤。

2.间接原因

（1）所在班组日常安全教育不到位，导致班组职工安全意识薄弱，缺乏自我保护意识，未严格执行《起重机安全使用的实施规程》相关安全管理规定，出现习惯性违章行为，符合《企业职工伤亡事故调查分析规则》中教育培训不够，未经培训，缺乏或不懂安全操作技术知识的分类规定。

（2）事故班组在起重作业现场未设置危险作业安全监护人员或现场安全负责人，未能及时发现行车工安全意识淡薄、违反操作规程、使用吊挂钩不当和当事人习惯性违章问题。符合《企业职工伤亡事故调查分析规则》中对现场工作缺乏检查或指导错误、所在班组现场安全监管不到位的分类规定。

所有班组均应提高思想认识，真正把反习惯性违章工作的重点放在抓预防上，见微知著，将其消灭在萌芽状态，把预防工作做到每一位职工、每一个作业环节、每一项操作之中，在监管上抓实、在执行上抓细，使其贯穿于企业生产的全过程，让习惯性违章没有生存的土壤。

✅ 正确做法

吊装作业是企业班组借助各种起重机械吊运工具、设备，经常开展的特殊工作。根据吊装物的不同结构、形状、重量、重心和起重要求，运用各种力学原理，采用不同方法将重物吊运到相应位置的作业方式。

因吊装作业机械化程度高、起重负荷量大，且受场地、高度等条件限制，具有立体作业多、危险性大、易发生事故等特点，所以班组职工在从事起重作业时，必须严格执行《吊装作业安全规程》的相关安全要求。

1. 吊装作业人员必须持有特殊工种作业证。吊装重量大于10吨的物体须办理《吊装安全作业证》。

2. 吊装重量大于或等于40吨的物体和土建工程主体结构，应编制吊装施工方案。吊物虽不足40吨重，但形状复杂、刚度小、长径比大、精密贵重，施工条件特殊的情况下，也应编制吊装施工方案。吊装施工方案经施工主管部门和安全技术部门审查，报主管厂长或总工程师批准后方可实施。

3. 各种吊装作业前，应预先在吊装现场设置安全警戒标志并设专人监护，非施工人员禁止入内。

4. 吊装作业中，夜间应有足够的照明，室外作业遇到大雪、暴雨、大雾及六级以上大风时，应停止作业。

5. 吊装作业人员必须佩戴安全帽，安全帽应符合国家标准的规定，高处作业时必须遵守相关规定。

6. 吊装作业前，应对起重吊装设备、钢丝绳、揽风绳、链条、吊钩等各种机具进行检查，必须保证安全可靠，不准带"病"使用。

7. 吊装作业时，必须分工明确、坚守岗位，并按相关规定的联络信号，统一指挥。

8. 严禁利用管道、管架、电杆、机电设备等做吊装锚点。未经机动、建筑部门审查核算，不得将建筑物、构筑物作为锚点。

9. 吊装作业前必须对各种起重吊装机械的运行部位、安全装置以及吊具、索具进行详细的安全检查，吊装设备的安全装置要灵敏可靠。吊装前必须试吊，确认无误后方可作业。

10. 任何人不得随同吊装重物或吊装机械升降。在特殊情况下，必须随之升降的，应采取可靠的安全措施，并经过现场指挥人员批准。

11. 吊装作业现场如需动火，应遵守相关规定。吊装作业现场的吊绳索、揽风绳、拖拉绳等要避免同带电线路接触，并保持安全距离。

12. 用定型起重吊装机械（履带起重机、轮胎起重机、桥式起重机等）进行吊装作业时，除遵守本标准外，还应遵守该定型机械的操作规程。

13. 吊装作业时，必须按规定负荷进行吊装，吊具、索具经计算选择使用，严禁超负荷运行。所吊重物接近或达到额定起重吊装能力时，应检查制动器，用低高度、短行程试吊后，再平稳吊起。

14. 悬吊重物下方严禁站人、通行和工作。

15. 在吊装作业中，有下列情况之一者，不准吊装。

（1）指挥信号不明。

（2）超负荷或物体重量不明。

（3）斜拉重物。

（4）光线不足，看不清重物。

（5）重物下站人。

（6）重物埋在地下。

（7）重物紧固不牢，绳打结、绳不齐。

（8）棱刃物体没有衬垫措施。

（9）重物越人头。

（10）安全装置失灵。

16. 必须按《吊装安全作业证》上填报的内容进行作业，严禁涂改、转借《吊装安全作业证》，变更作业内容，扩大作业范围或转移作业部位。

17. 对吊装作业审批手续不全、安全措施不落实、作业环境不符合安全要求的，作业人员有权拒绝作业。

泄漏的蒸汽阀，砸伤司炉工

📢 **当事者 说** 〉〉〉〉〉

每当我遇到同事方某某，看到他眉间留下的那个永远的疤，就会想起22年前发生的那次蒸汽阀喷出伤人事故，心里一直异常愧疚。

那是 2000 年 9 月，我入职浙江某物流公司机车班不久。一台火车的水泵发生故障，上水极为困难。为了不影响火车正常使用，班长安排我利用中午火车司机休息时把它修好。这种故障此前我也处理过很多次，对我这个大专毕业生来说，是"小菜一碟"的事，正常情况下，只需更换溢水阀，调整一下阀体之间的间隙就行了。

因为班长是我师傅，平时对我管得格外严，整天啰里啰唆，嘱咐这个交代那个，唐僧念经似的，我有时真不想理他。所以，那天，师傅吩咐我用中午休息时间去修水泵时，我心里很不爽地想，凭啥你们都去吃饭了，让我一个人修水泵？

我气鼓鼓地爬上蒸汽机车，更换好水泵上面的溢水阀后，为了方便调整阀体的间隙，用手拧了几圈阀盖，便开始拉动上水阀，试验水泵吸水效果。没想到，"砰"的一声，一股白色的蒸汽瞬间从溢水阀里喷出，随后听到"啊"的一声，被蒸汽射得很高的溢水阀阀体，恰好砸中了站在车边的司炉工。

蒸汽机车上最多的便是蒸汽阀，其中，为了给机车锅炉内加水，机车上设计有左右两个水泵，水泵里面又有止回阀、溢水阀、进气阀等，水阀和气阀之间相互控制，如果热机处理水泵故障，操作不当，不但容易被蒸汽烫伤，阀体也会被蒸汽喷出伤人。我没有拧紧阀盖，发生了事故。巧合的是，这个司炉工竟然是与我同时参加工作、平时极要好的哥们儿方某某。那时，我感到前所未有的恐惧，冷汗直流，连忙关了水泵，爬下车查看方某某的受伤情况。只见他用手捂着眼眶，鲜血直流，让他破了相，我特难受。后来，虽然方某某宽宏大量地原谅了我，但因为出了事故，我被公司当典型处分了。

吃一堑，长一智。这件事让我彻底清醒，干工作来不得一丝一毫的疏忽，带着情绪由着性子，干事不专一，只会捅出大娄子。

事故分析 🔍

这是一起水泵检修人员在检修工作中因"带情绪"作业，在更换溢水阀后未将阀盖拧紧便去拉动上水阀以试验水泵吸水效果，导致蒸汽瞬间喷出，阀体被蒸汽带出砸伤周围人员的物体打击事故。

1. 直接原因

维修工违反操作规程，在更换好溢水阀后，为图"省事"（方便调整阀体间隙）在没有拧紧阀盖的情况下即拉动上水阀，试图查验水泵吸水效果，结果导致蒸汽瞬间喷出并顺势将阀体带出造成物体打击事故。

2. 间接原因

维修工作业时"带情绪"，对相关安全操作规程缺乏敬畏之心，认为是自己经常开展的维修工作，疏忽大意，结果"小失误"铸成大错。

作业时"带情绪"是班组作业的"大忌"，因此有很多班组长将观察班组成员作业前的情绪状况作为班前会的"规定动作"，因为"带情绪"作业和"带病"作业一样，往往是事故发生的根由。

✓ 正确做法

水泵检修作业的《安全操作规程》如下。

1. 检修前须设安全负责人 1 名、指挥人员 1 名，并对检修人员做好工作说明。

2. 检修前应检查水泵各部位是否安全完好，确定完好后才可开展检修作业。

3. 检修前应检查各类工具是否完好有效，如手锤、扳手、钳子、螺丝刀等，避免由于工具的损害造成伤亡事故。

4. 水泵解体之前应先关死相应的阀门，用其他泵抽低水位，然后把检修泵中的水放空，用地漏泵抽走，防止跑水淹泡机房。

5. 在水泵解体之后，检修完毕之前，应用蒙板把泵体盖住，蒙板与泵体之间应垫橡胶垫，螺栓禁锢到位、密封良好，以防意外跑水。

6. 电机的拆接线应由专业电工来完成，操作之前应切断电源，挂警示牌。

7. 如果是污水泵的检修，打开泵盖之前须先启动通风机，并使用气体检测仪检测，以防有毒气体伤人。

8. 开启泵盖时要用力均匀，轴承体应先用天车吊住，以防轴承体从泵体脱落后坠地伤人；如果是检修内含高温蒸汽的水泵，务必拧紧各类阀门盖，以防蒸汽喷出造成灼烫事故或阀体被蒸汽带出伤人。

9. 检修现场工具和各种零部件应码放整齐，废弃油污、棉丝不得随地乱扔，以防工作人员滑倒摔伤。

10. 传递工具不得抛掷，使用梯子须做防滑处理，并设专人保护。

11. 检修完毕，清点工具，检查机组各紧固螺栓是否紧固到位，确保安全平稳运转。

12. 现场作业人员不得吸烟、喝酒、打闹，劳保用品应穿戴齐全，相互配合，安全顺利完成检修任务。